Ritratto di S. M. L'Imperatore Napoleone, dise-
gnato da Tofanelli sull'originale donato da S. M. a
S. A. I. la Principessa di Lucca e di Piombino, e
inciso superiormente da Morghen, per i primi 500
Associati, avanti lettere . . . . . : . . . 48 franchi
    Con lettere 24
    Terminata la soscrizione il prezzo sarà arbitrario.

PRESSO MOLINI, LANDI, E COMP.

V. 2261.
9.

20810

TABLES

ABRÉGÉES ET PORTATIVES

DU SOLEIL

CALCULÉES POUR LE MERIDIEN DE PARIS
SUR LES OBSERVATIONS LES PLUS RECENTES
D'APRÈS LA THEORIE DE M. LA PLACE

PAR

LE BARON DE ZACH

A FLORENCE

CHEZ MOLINI, LANDI ET COMP.

MDCCCIX.

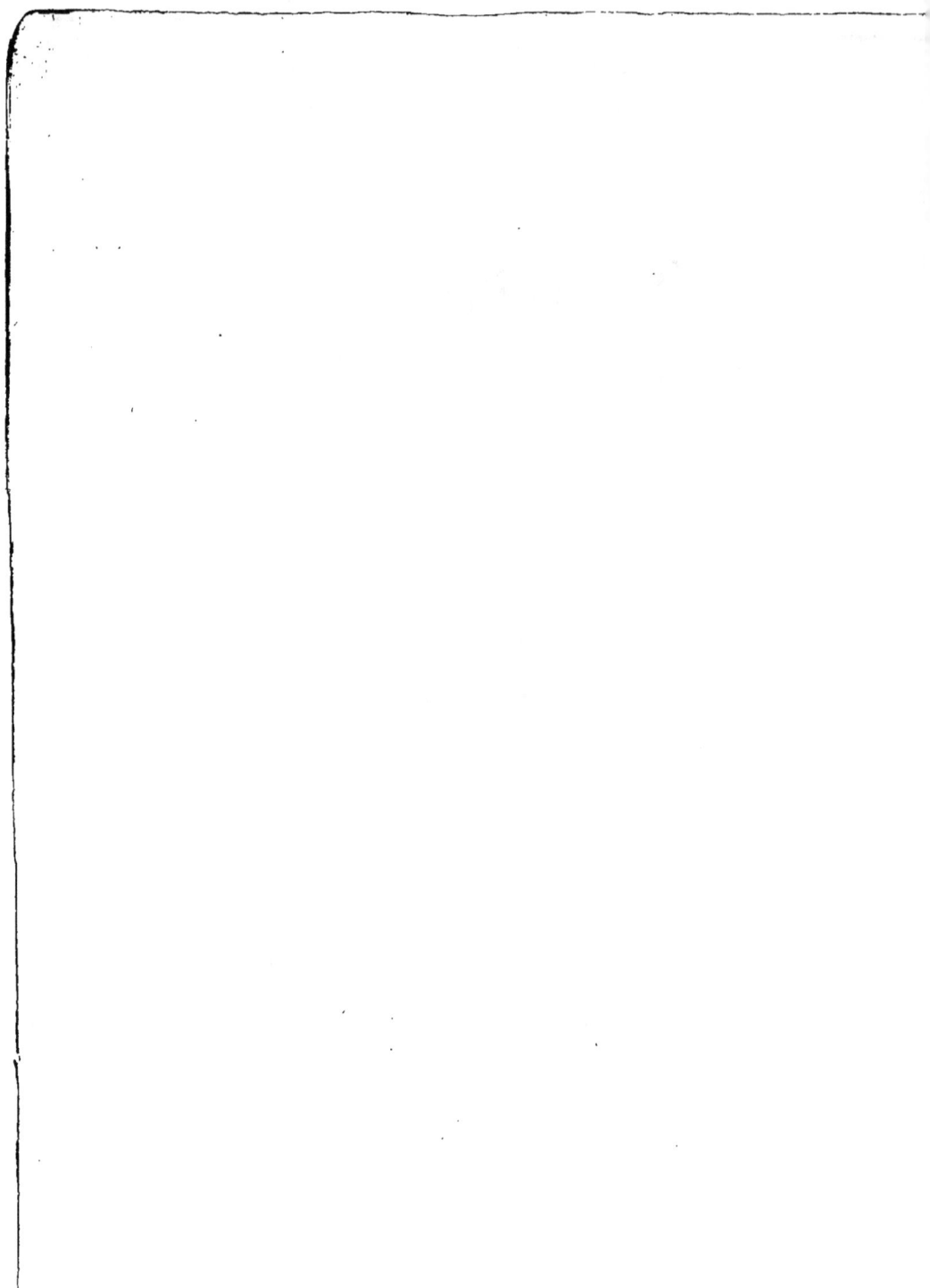

AVERTISSEMENT

La perfection des théories astronomiques, la précision des instrumens dont on se sert aujourd'hui, l'exactitude et l'habileté des observateurs modernes, le nombre considérable d'équations des perturbations planétaires nouvellement introduites dans les tables astronomiques, devaient inévitablement en grossir les volumes, et en alonger les calculs. Les seules tables du Soleil et de la Lune, renfermées autrefois en peu de feuilles, forment actuellement un assez gros volume in quarto. *Lorsque dans les tables anciennes du Soleil, on se contentait de* quatre ou cinq *équations de perturbation, les théories nouvelles en exigent* vingt-deux. *Les astronomes, les navigateurs, les géographes, les ingénieurs-topographes, les amateurs d'astronomie, qui, ou par état, ou par goût voyagent beaucoup, sont par conséquent souvent dans la nécessité, et dans l'embarras de promener avec eux des bibliotéques entieres, et des gros volumes de tables auxiliaires, qui sont pour eux d'un usage indispensable. Plusieurs savans ont taché de rémedier à cet inconvénient, en réduisant ces tables au stricte nécessaire, et en rétranchant tout le superflu. C'est ainsi que la Caille, la Lande, la Grive, Marie, Callet, Lambert, Vega et autres, ont eû soin de réduire ces grandes tables au plus petit volume.*

Parmi toutes les tables astronomiques, celles du Soleil sont les plus importantes et les plus nécessaires par l'usage continuel qu'en font les astronomes. Elles servent à la conversion des tems astronomiques, aux calculs de l'équation du tems, de la longitude, de l'ascension droite, de la déclinaison du Soleil, de son diamètre, de son mouvement horaire, et de sa distance à la terre, autant d'élémens de calcul, dont la connoissance est toute aussi nécessaire à l'astronome, qu'au marin, au géographe, qu'à l'ingénieur-topographe, qui voudront déterminer la position géographique d'une ville, le lieu d'un vaisseau, ou orienter un Réseau de triangles pour la levée d'un pays etc.

Il faut cependant convenir, que cet avantage des tables racourcies, ne peut être racheté, que par la longueur des calculs; car, l'un de deux; ou on doit grossir le volume, en abrégeant le calcul, ou on doit augmenter le calcul en diminuant les tables. Il n'y a point de doute que l'astronome sédentaire dans son cabinet, ou dans son observatoire, ou le calculateur des éphemerides astronomiques ne doivent chercher et préferer, tous

les moyens possibles d'abréger leur travail, mais
l'Astronome voyageur, qui n'a besoin de ces élémens de calcul que pour le jour dans le quel il
aura fait une observation, n'a plus tant besoin
d'économiser sur son tems, et quelques calculs de
plus, ne doivent plus entrer en ligne de compte,
lorsqu'on considere, que des tables, qui forment
un gros volume in quarto, peuvent être reduites à
quelques pages, qu'on peut porter dans ses tablet-
tes; c'est ainsi, que nous avons reduit en dixsept
pages in octavo, nos anciennes tables solaires
imprimées à Gotha en 1792 (1) et qui occupent
cinquante pages in quarto; nos nouvelles tables
imprimées en 1804 (2) qui occupent vingt-trois
pages; les nouvelles tables du Soleil de M. Delambre (3), publiées en 1806 à Paris par le bureau des longitudes de France, qui occupent qua-
tre-vingt-quatorze pages in quarto.

On voit, que du coté du volume et du format
l'avantage est très considerable; et nous ésperons
que les réflexions que nous venons d'opposer à

(1) Tabulae motuum Solis novae et correctae, ex theoria
gravitatis, et observationibus recentissimis erutae ec.....
Gothae apud. Car. Guill. Ettinger. 1792.

(2) Tabulae motuum Solis novae et iterum correctae, ex
theoria gravitatis Clar. de la Place, et ex observat. recentis.
erutae. Gothae apud Z. R. Becker. 1804.

(3) Tables astronomiques, publiées par le bureau des long.
de France. I Partie, Tables du Soleil par M. Delambre, Tables de la Lune, par M. Bürg. à Paris chez Courcier 1806.

l'objection sur la longueur des calculs, seront encore mieux senties et accueillies par ceux, pour qui, outre le volume, le prix des livres fait quelque objet de consideration économique. Nous avons donc crû faire plaisir aux amateurs de la science, en leur donnant une édition portative des tables solaires, d'une forme toute nouvelle, dans un volume aussi mince, et dans un format aussi commode à manier, surtout pour les vues basses, qui ont de la peine à feuilleter et à calculer sur des grandes tables in quarto. Les tables présentes renferment au reste, tout ce que contiennent nos grandes tables du Soleil de la nouvelle édition faite à Gotha en 1804, à quelques petites corrections, et perfections près, et en négligeant quelques petites équations de perturbation, qui ne vont qu'à quelques fractions de seconde, et que nous avons crû avec raison pouvoir supprimer, parcequ'elles sont de nature à se compenser le plus souvent, et puisque leur somme, si elles sont toutes à la fois de même signe, et au maximum, (cas extremement rare) ne peut jamais aller au delà de trois secondes.

Nous avons également supprimé les explications théoriques, inutiles dans un ouvrage portatif; d'ailleurs, quand on les a lues une fois dans les introductions aux grandes tables, on n'en a plus besoin, et on ne doit porter en voyage avec soi,

que ce, dont on ne peut se passer; en revanche nous
avons donné l'explication la plus ample, et la plus
complète de l'usage de ces tables, pour qu'on ne
soit obligé de l'aller chercher dans d'autres livres. Nous avons rendu additives toutes les petites
équations, sans qu'aucune époque ait été nullement
altérée, et en marquant au bas de chaque table la
constante à ôter; ce qui dispensera le calculateur
du soin de faire attention aux signes, et de l'embarras plus gênant encore lorsque ces équations
changent de signe. Des exemples choisis pour
chaque table, et des calculs détaillés de toutes les
données, que la théorie de l'orbite terrestre, et nos
tables peuvent fournir, ne laisseront rien à desi-
rer à cet égard.

TABLE PREMIERE

LONGITUDES ET LATITUDES DES OBSERVATOIRES
LES PLUS RÉMARQUABLES DE L'EUROPE.

NOMS DES LIEUX.	Longitude de Paris en tems.	Latitude boréale.
AMSTERDAM (*Felix Meritis*)	—0ʰ10′ 11″	52°22′ 17″
BERLIN (*Observ. Royal*)	—0 44 5	52 31 45
BLENHEIM (*Duc de Marlborough*)	+0 14 44	51 50 29
BOLOGNE (*Université*)	—0 36 2	44 29 56
BREME (*D. Olbers*)	—0 25 51	53 4 46
BRESLAU (*Université*)	—0 58 50	51 6 30
BRUNSVIC (*D. Gauss*)	—0 32 47	52 15 29
BUDE (*Observ. Royal*)	—1 6 49	47 29 44
CADIX (*Observ. de la Marine*)	+0 34 31	36 32 1
LE CAIRE (*Institut*) . . . . • . .	—1 55 54	30 2 21
COÏMBRE (*Observ. Royal*)	+0 42 58	40 12 30
CONSTANTINOPLE (*S. Sophie*)	—1 46 20	41 1 27
COPENHAGUE (*Observ. Royal*)	—0 40 57	55 41 4
CRACOVIE (*Université*)	—1 10 23	50 5 52
CREMSMUNSTER (*Abbaïe*)	—0 47 11	48 5 29
DANZIG (*Observ. du D. Wolff*)	—1 5 11	54 20 48
DORPAT (*Université*)	—1 37 34	58 22 48
DRESDE (*Salon mathématique*)	—0 45 29	51 3 9
DUBLIN (*Observ. Royal*)	+0 34 46	53 21 11
EISENBERG (*Bar. de Zach*)	—0 58 29	50 57 58
FLORENCE (*Collège, Écoles pies*)	—0 55 42	43 46 41
GÊNES (*Université*)	—0 26 51	44 24 59
GOETTINGUE (*Université*)	—0 50 21	51 31 54
GOTHA (*Seeberg*)	—0 33 55	50 56 7
GREENWICH (*Observ. Royal*)	+0 9 21	51 28 39
HYÈRES (*Portalet*)	—0 15 10	43 7 2
LEIPZIG (*Université*)	—0 39 59	51 20 44
LEYDE (*Université*)	—0 8 34	52 9 30
LILIENTHAL (*D. Schroeder*)	—0 26 14	53 8 25
LISBONNE (*Obser. au Coll. des Nobles*). .	+0 45 55	38 42 50

NOMS DES LIEUX.	Longitude de Paris en tems.	Latitude boréale.
LONDRES (*S. Paul*)	+ 0ʰ 9′ 43″	51°30′ 49″
MADRID (*Obs. Royal*)	+ 0 24 8	40 25 18
MANNHEIM (*Obs. du G. Duc de Bade*) .	— 0 24 32	49 29 18
MARSEILLE (*Observ. Impérial*)	— 0 12 8	43 17 50
MILAN (*Observ. Roy. de Brera*)	— 0 27 24	45 28 2
MIREPOIX (*Observ. Impér.*)	+ 0 1 51	43 5 19
MITTAU (*Observ. Impér.*)	— 1 25 33	56 39 6
MONTPELLIER (*Observ. de l'Académie*) .	— 0 6 10	43 36 29
MOSCOW (*Observ. Impér.*)	— 2 20 51	55 45 45
MUNIC (*Notre-Dame*)	— 0 36 59	48 8 20
NAPLES (*Observ. Royal*)	— 0 47 44	40 50 15
OXFORD (*Observ. de Rattclif*)	+ 0 14 21	51 45 40
PADOUE (*Université*)	— 0 38 10	45 24 2
PALERME (*Observ. Royal*)	— 0 44 6	38 6 44
PARIS (*Observ. Impérial*)	0 0 0	48 50 13
PÉTERSBOURG (*Observ. Impérial*)	— 1 51 52	59 56 23
PISE (*Université*)	— 0 32 5	43 43 11
PRAGUE (*Observ. Royal*)	— 0 48 20	50 5 19
RATISBONNE (*S. Emmeran*)	— 0 38 53	49 0 58
ROME (*Collége romain*)	— 0 40 36	41 54 1
SLOUGH (*D. Herschel*)	+ 0 11 45	51 30 20
STOCKHOLM (*Observ. Royal*)	— 1 2 52	59 20 31
TOULOUSE (*M. Vidal*)	+ 0 3 35	43 35 46
TURIN (*Piazza castello*)	— 0 21 20	45 4 14
UTRECHT (*Université*)	— 0 11 6	52 5 12
VENISE (*S. Marc*)	— 0 40 3	45 25 54
VERONNE (*M. Cagnoli*)	— 0 34 40	45 26 6
VIENNE (*Université*)	— 0 56 10	48 12 36
VILNA (*Université*)	— 1 31 49	54 41 2
VIVIERS (*M. Flaugergues*)	— 0 9 24	44 29 19

Le signe — denote une longitude orientale, le signe + une longitude occidentale, relativement au méridien de Paris, et indique qu'il faut ôter de l'heure, ou ajouter à l'heure du lieu, la différence des méridiens pour avoir l'heure de Paris.

TAB. II. *Époques des Longit. et Anom. moy. du Soleil, avec les Arg. qui règlent ses inégalités.*

An-nées.	Longitude moy. du Soleil	arg. I. Anom. moy. du Soleil	arg. II	arg. III	arg. IV	arg. V	arg. VI	arg. VII	arg. VIII	arg. IX	arg. X	arg. XI	arg. ℧
1605	9ˢ 9° 57′ 41″ 17	6ˢ 3° 51′ 55″	596	903	577	664	601	517	612	104	099	052	525
1705	9 9 24 20, 87	6 1 55 25	415	452	206	229	614	361	046	066	776	185	596
1805	9 9 11 0, 51	5 29 58 55	234	001	953	794	-27	205	480	728	455	514	069
1905	9 8 56 48, 54	5 27 42 25	053	550	864	559	840	549	914	390	130	445	442

Pour les Années { 1600, 1601, 1602 / 1700, 1701, 1702 / 1800, 1801, 1802 / 1900, 1901, 1902 } Otez 59′ 8″ 55 tant des époques des longitudes, que des anomalies moyennes du Soleil.

TAB III. *Quantités constantes à multiplier par le Quotient.*

Pour la Longit.	Pour l'Anom.	arg. II	arg. III	arg. IV	arg. V	arg. VI	arg. VII	arg. VIII	arg. IX	arg. X	arg. XI	arg. ℧
+149′9″92	-2′18″07	474,1	302,0	873,2	662,6	004,6	253,8	357,4	506,6	507,2	325,2	214,9

TAB. IV. *Quant. const. à ajout. pour form. les ép. des long. des an. moy. du Sol. et des arg. de pert.*

Reste	à la Longitude	à l'Anomalie	arg. II	arg. III.	arg. IV	arg. V	arg. VI	arg. VII	arg. VIII	arg. IX	arg. X	arg. XI	arg. ℧
1	+44′ 48″75	+45′ 46″75	594	627	470	918	252	065	084	879	877	854	054
2	+50 29,13	+28 25,15	754	252	938	855	502	126	169	754	752	664	107
5	+16 9,55	+15 5,55	114	877	466	748	755	190	253	650	629	495	161

LOGARITHMES CONSTANS , POUR LES MOUVEMENS MOYENS.

Log. du mouv. moy. diurne en longitude 1,7132385
Log. du mouv. moy. diurne en anomalie 1,7146627
Log. pour les secondes en long. et en anomalie. 8,6135066
Log. pour les heures et décimales en long. et en anomalie. . 2,1698091

TAB. V. *Quantités à ajouter pour former les Argumens des perturbations pour les jours.*

Jours	arg. II	arg. III	arg. IV	arg. V	arg. VI	arg. VII	arg VIII	arg. IX	arg. X	arg. XI	arg. ☊
1	054	2	1	3	1	0	0	5	0	3	0
2	068	3	2	5	1	0	0	4	999	5	0
3	102	5	3	8	2	0	1	7	999	7	0
4	155	7	5	11	3	1	1	10	999	10	1
5	169	9	6	13	5	1	1	12	998	12	1
6	203	10	7	15	4	1	1	14	998	14	1
7	237	12	8	18	5	1	2	17	997	16	1
8	271	14	10	20	5	1	2	19	997	18	1
9	305	15	11	23	6	2	2	21	996	21	1
10	339	17	12	25	7	2	2	24	995	23	1
20	677	34	25	50	14	3	5	48	994	45	3
30	1,016	51	38	75	21	5	7	72	991	68	4
40	1,355	68	50	101	27	7	9	95	98b	92	6
50	1,693	86	63	126	34	8	12	120	982	114	8
60	2,032	103	76	151	41	10	14	144	979	137	9
70	2,370	120	89	176	48	12	16	168	976	160	11
80	2,709	137	101	201	54	14	19	191	971	182	12
90	3,048	154	115	226	62	16	21	216	970	205	13
100	387	171	127	251	69	18	23	240	967	228	14
200	772	343	256	502	137	34	45	480	931	457	30
500	159	514	383	752	206	52	69	720	898	685	44

TAB. VI. *Pour les Heures. Arg.*

H.	II	III	IV	V.IX.XI
1	1	0	0	0
2	3	0	0	0
4	6	0	0	0
6	8	0	0	1
8	11	1	0	1
10	14	1	0	1
12	17	1	0	1
14	20	1	0	1
16	23	1	1	2
18	25	1	1	2
20	28	2	1	2
22	31	2	1	2
24	34	2	1	3

TAB. A. *Jours de l'année comm.*

Mois	Jours
Janvier	0
Février	31
Mars	59
Avril	90
Mai	120
Juin	151
Juillet	181
Août	212
Septemb.	243
Octobre	273
Novemb.	304
Decemb.	334

Dans les années bissextiles, ôtez un jour des mois de Janvier et de Février.

TABLE VII.

POUR CALCULER L'ÉQUATION
DE L'ORBITE SOLAIRE
POUR L'AN MDCCC.
AVEC LA DIMINUTION SÉCULAIRE

TABLE VII.

ARG. I. ANOMALIE MOYENNE DU SOLEIL.

D.	O^s —			Diff.	I^s —		Diff.	11^s —		Diff.	D.
0	0°	0′	0″	1′ 13″	0° 35′ 33″		1′ 4″	1° 2′ 4″		0′ 38″	30
1	0	1	13	1 14	0 36 57		1 3	1 2 42		0 36	29
2	0	2	27	1 14	0 37 40		1 3	1 3 18		0 34	28
3	0	3	41	1 14	0 38 43		1 3	1 3 52		0 33	27
4	0	4	55	1 15	0 39 46		1 3	1 4 25		0 31	26
5	0	6	10	1 15	0 40 49		1 2	1 4 56		0 31	25
6	0	7	25	1 15	0 41 51		1 1	1 5 27		0 51	24
7	0	8	40	1 14	0 42 52		0 59	1 5 58		0 31	23
8	0	9	54	1 13	0 43 51		0 58	1 6 29		0 31	22
9	0	11	7	1 13	0 44 49		0 58	1 7 0		0 30	21
10	0	12	20	1 13	0 45 47		0 57	1 7 30		0 28	20
11	0	13	33	1 13	0 46 44		0 56	1 7 58		0 26	19
12	0	14	46	1 12	0 47 40		0 56	1 8 24		0 23	18
13	0	15	58	1 11	0 48 36		0 55	1 8 47		0 21	17
14	0	17	9	1 11	0 49 41		0 55	1 9 8		0 20	16
15	0	18	20	1 12	0 50 26		0 53	1 9 28		0 20	15
16	0	19	32	1 12	0 51 19		0 52	1 9 48		0 20	14
17	0	20	44	1 11	0 52 11		0 52	1 10 8		0 19	13
18	0	21	55	1 11	0 53 3		0 50	1 10 27		0 17	12
19	0	23	6	1 10	0 53 53		0 49	1 10 44		0 16	11
20	0	24	16	1 10	0 54 42		0 48	1 11 0		0 13	10
21	0	25	26	1 10	0 55 30		0 47	1 11 13		0 10	9
22	0	26	36	1 9	0 56 17		0 47	1 11 23		0 9	8
25	0	27	45	1 9	0 57 4		0 46	1 11 32		0 8	7
24	0	28	54	1 9	0 57 50		0 45	1 11 40		0 7	6
25	0	30	3	1 8	0 58 35		0 44	1 11 47		0 6	5
26	0	31	11	1 7	0 59 19		0 43	1 11 53		0 6	4
27	0	32	18	1 6	1 0 2		0 42	1 11 59		0 5	3
28	0	33	24	1 5	1 0 44		0 41	1 12 4		0 5	2
29	0	34	29	1 4	1 1 25		0 39	1 12 9		0 3	1
50	0	55	53		1 2 4			1 12 12			0
D.	XI^s +				X^s +			IX^s +			D.

Appliquez l'angle de la table selon son signe à l'anomalie moyenne du Soleil, et ajoutez son logarithme sinus au logarithme constant 3,8405326, et vous aurez le log. de l'équation du centre exprimée en secondes, et du même signe que l'angle de la table.

TABLE VII,

ARG. I. ANOMALIE MOYENNE DU SOLEIL.

D.	IIIˢ —			Diff.	IVˢ —			Diff.	Vˢ —			Diff.	D.
0	1°	12′	12″	0′ 1″	1°	5′	10″	0′ 56″	0°	36′	44″	1′ 7″	30
1	1	12	13	0 0	1	2	34	0 40	0	55	57	1 7	29
2	1	12	13	0 1	1	1	54	0 40	0	34	30	1 8	28
3	1	12	12	0 2	1	1	14	0 41	0	53	13	1 9	27
4	1	12	10	0 3	1	0	33	0 42	0	52	13	1 9	26
5	1	12	7	0 4	0	59	51	0 43	0	51	4	1 10	25
6	1	12	3	0 6	0	59	8	0 44	0	29	54	1 11	24
7	1	11	57	0 8	0	58	24	0 45	0	28	43	1 11	23
8	1	11	49	0 9	0	57	39	0 47	0	27	32	1 11	22
9	1	11	40	0 9	0	56	52	0 49	0	26	21	1 11	21
10	1	11	31	0 11	0	56	3	0 50	0	25	10	1 12	20
11	1	11	20	0 13	0	55	13	0 51	0	23	58	1 14	19
12	1	11	7	0 15	0	54	22	0 52	0	22	44	1 14	18
13	1	10	52	0 18	0	53	30	0 53	0	21	30	1 14	17
14	1	10	34	0 20	0	52	37	0 54	0	20	16	1 14	16
15	1	10	14	0 21	0	51	53	0 54	0	19	2	1 14	15
16	1	9	53	0 21	0	50	59	0 56	0	17	48	1 15	14
17	1	9	32	0 22	0	50	3	0 57	0	16	33	1 15	13
18	1	9	10	0 23	0	49	6	0 59	0	15	18	1 15	12
19	1	8	47	0 24	0	48	7	0 59	0	14	3	1 16	11
20	1	8	23	0 27	0	47	8	0 58	0	12	47	1 16	10
21	1	7	56	0 28	0	46	10	0 59	0	11	51	1 15	9
22	1	7	28	0 27	0	45	11	1 0	0	10	16	1 17	8
23	1	7	1	0 28	0	44	11	1 1	0	8	59	1 16	7
24	1	6	33	0 30	0	43	10	1 3	0	7	43	1 18	6
25	1	6	3	0 34	0	42	7	1 4	0	6	25	1 17	5
26	1	5	29	0 34	0	41	3	1 4	0	5	8	1 17	4
27	1	4	55	0 34	0	39	59	1 4	0	3	51	1 16	3
28	1	4	21	0 35	0	38	55	1 5	0	2	35	1 17	2
29	1	3	46	0 36	0	37	50	1 6	0	1	18	1 18	1
30	1	3	10		0	36	44		0	0	0		0
D.	VIIIˢ +				VIIˢ +				VIˢ +				D.

Ajoutez ce meme log. sinus au logarithme constant 1,2760411 et vous aurez le logarithme de l'équation séculaire éxprimée en secondes.

TABLE VIII.

Équations produites par l'action des planètes sur la terre en longitude, toujours additives.

N	arg. II	arg. III.	arg. IV	arg. V	arg. VI	arg. VII	arg. VIII	arg. IX	arg. X	arg. XI	arg. ☊
0	7"50	10"52	2"81	8"45	5"77	4"79	2"71	5"74	1"64	2"97	18"00
50	9,82	7,89	1,19	8,76	5,69	5,20	1,92	3,68	1,27	2,65	23,56
100	11,91	7,05	0,16	6,73	5,33	5,16	1,19	3,44	0,89	2,25	28,58
150	13,57	8,77	0,10	5,16	4,74	4,74	0,59	3,05	0,55	1,74	32,56
200	14,65	12,58	1,00	3,21	3,96	4,10	0,18	2,54	0,27	1,24	33,12
250	15,00	16,95	2,51	1,55	3,08	3,42	0,01	1,97	0,08	0,78	36,00
300	14,65	20,15	4,05	0,15	2,18	2,85	0,08	1,59	0,00	0,40	35,12
350	13,57	21,00	5,04	0,21	1,35	2,44	0,40	0,85	0,04	0,13	32,56
400	11,91	19,26	5,11	1,78	0,67	2,20	0,93	0,42	0,20	0,01	28,58
450	9,82	15,45	4,24	4,71	0,21	2,01	1,61	0,12	0,45	0,04	23,56
500	7,50	10,52	2,81	8,45	0,01	1,77	2,30	0,00	0,78	0,23	18,00
550	5,18	5,69	1,38	12,15	0,09	1,45	3,18	0,06	1,27	0,55	12,44
600	3,09	1,78	0,51	15,08	0,45	1,00	3,91	0,30	1,55	0,97	7,42
650	1,43	0,04	0,58	16,65	1,04	0,60	4,51	0,69	1,87	1,46	3,44
700	0,37	0,89	1,57	16,71	1,82	0,39	4,92	1,20	2,15	1,96	0,88
750	0,02	4,09	3,11	15,53	2,70	0,30	5,09	1,77	2,54	2,42	0,00
800	0,37	8,46	4,62	13,65	3,60	1,00	5,02	2,35	2,42	2,80	0,88
850	1,43	12,27	5,52	11,70	4,43	1,87	4,70	2,89	2,38	3,07	3,44
900	3,09	14,01	5,46	10,13	5,11	2,93	4,17	3,52	2,22	3,19	7,42
950	5,18	13,15	4,43	9,10	5,57	3,98	3,49	3,62	1,97	3,16	12,44
1000	7,50	10,52	2,81	8,45	5,77	4,79	2,61	5,74	1,64	2,97	18,00

Otez 59"78 de la somme des *onze* équations, et appliquez le reste avec son signe au lieu élliptique du Soleil, pour avoir son lieu vrai, compté de l'*Équinoxe vrai.* Dans les calculs des lieux des planètes, et des comètes il est nécessaire de connaître la longitude vraie du Soleil, comptée de l'*Équinoxe moyen*, en ce cas on omettra la dernière équation ☊, et on ôtera 41"78 de la somme de *dix* équations.

La constante de l'aberration moyenne est $= +$ 20"25, que l'on ajoutera au lieu vrai du Soleil toutes les fois qu'on aura besoin de la longitude héliocentrique de la terre dans les calculs des planètes, ou comètes.

TABLE IX.

POUR CALCULER LE LOGARITHME DE LA DISTANCE
DE LA TERRE AU SOLEIL.

EN SUPPOSANT LA MOYENNE $=$ I POUR L'AN MDCCC.

AVEC LA VARIATION SÉCULAIRE

TABLE IX.

Arg. I. ANOMALIE MOYENNE DU SOLEIL.

D.	0^s	Diff.	Log. var. sec.	I^s	Diff.	Log. var. sec.	II^s	Diff.	Log. var. sec.	D.
0	0° 0′ 0″	8′ 0″	198	3° 45′ 13″	7 21	173	7° 16′ 33″	6′ 39″	105	30
1	0 8 0	7 50	198	3 52 54	7 21	172	7 23 12	6 38	102	29
2	0 15 30	7 30	198	3 59 55	7 18	170	7 29 50	6 34	99	28
3	0 25 0	7 30	198	4 7 13	7 17	169	7 36 24	6 32	99	27
4	0 30 30	7 50	198	4 14 30	7 16	167	7 42 56	6 31	93	26
5	0 38 0	7 51	197	4 21 46	7 15	165	7 49 27	6 30	90	25
6	0 45 31	7 33	197	4 29 1	7 14	163	7 55 57	6 27	86	24
7	0 53 4	7 33	197	4 36 15	7 14	161	8 2 24	6 24	83	23
8	1 0 37	7 34	196	4 43 29	7 12	159	8 8 48	6 23	80	22
9	1 8 11	7 55	196	4 50 41	7 11	157	8 15 11	6 22	77	21
10	1 15 46	7 34	195	4 57 52	7 10	155	8 21 33	6 20	74	20
11	1 23 20	7 32	194	5 5 2	7 9	153	8 27 53	6 16	70	19
12	1 30 52	7 33	194	5 12 11	7 6	151	8 34 9	6 14	67	18
13	1 38 25	7 33	193	5 19 17	7 6	149	8 40 23	6 12	64	17
14	1 45 58	7 32	192	5 26 23	7 5	147	8 46 35	6 10	61	16
15	1 53 30	7 30	192	5 33 28	7 4	145	8 52 45	6 7	58	15
16	2 1 0	7 30	191	5 40 32	7 2	141	8 58 52	6 5	54	14
17	2 8 30	7 30	190	5 47 34	7 0	139	9 4 57	6 3	51	13
18	2 16 0	7 30	189	5 54 34	6 59	136	9 11 0	6 1	47	12
19	2 23 30	7 30	188	6 1 33	6 57	134	9 17 1	5 58	44	11
20	2 31 0	7 30	187	6 8 30	6 56	132	9 22 59	5 55	41	10
21	2 38 30	7 28	186	6 15 26	6 54	129	9 28 54	5 53	37	9
22	2 45 58	7 26	185	6 22 20	6 53	127	9 34 47	5 51	34	8
23	2 53 54	7 26	183	6 29 13	6 50	124	9 40 38	5 49	30	7
24	3 0 50	7 26	182	6 36 3	6 50	121	9 46 27	5 45	27	6
25	3 8 16	7 24	181	6 42 53	6 48	119	9 52 12	5 43	24	5
26	3 15 40	7 24	179	6 49 41	6 45	116	9 57 55	5 41	20	4
27	3 23 4	7 23	178	6 56 26	6 44	114	10 3 36	5 38	17	3
28	3 30 27	7 23	177	7 3 10	6 43	111	10 9 14	5 35	13	2
29	3 37 50	7 23	175	7 9 53	6 40	108	10 14 49	5 33	10	1
30	3 45 13		173	7 16 33		105	10 20 22		7	0
D.	XI^s			X^s			IX^s			D.

Ajoutez le logarithme cosinus de l'angle de la table au logarithme constant 0,0072325, et vous aurez le logarithme de la distance de la terre au Soleil.

TABLE IX.

ARG. I. ANOMALIE MOYENNE DU SOLEIL.

D.	III^s	Diff.	Log. var. sec.	IV^s	Diff.	Log. var. sec.	V^s	Diff.	Log. var. sec.	D.
0	10°20'22"	5'30"	7(−)	12°43'30"	3'57"	92(+)	14°14'41"	2'5"	169(+)	30
1	10 25 52	5 26	3	12 47 27	3 54	95	14 16 44	1 58	170	29
2	10 31 18	5 24	0(+)	12 51 21	3 50	98	14 18 42	1 54	172	28
3	10 36 42	5 21	4	12 55 11	3 46	101	14 20 36	1 50	173	27
4	10 42 3	5 20	7	12 58 57	3 40	104	14 22 26	1 47	175	26
5	10 47 23	5 16	11	13 2 37	3 36	107	14 24 13	1 42	177	25
6	10 52 39	5 12	14	13 6 13	3 34	110	14 25 55	1 38	178	24
7	10 57 51	5 10	18	13 9 47	3 31	113	14 27 33	1 34	180	23
8	11 3 1	5 7	21	13 13 18	3 28	116	14 29 7	1 30	181	22
9	11 8 8	5 4	23	13 16 46	3 23	119	14 30 37	1 25	183	21
10	11 13 12	5 1	27	13 20 9	3 20	121	14 32 2	1 22	184	20
11	11 18 13	4 58	30	13 23 29	3 17	124	14 33 24	1 17	185	19
12	11 23 11	4 55	34	13 26 46	3 14	127	14 34 41	1 14	187	18
13	11 28 6	4 52	37	13 30 0	3 8	130	14 35 55	1 9	188	17
14	11 32 58	4 49	41	13 33 8	3 5	132	14 37 4	1 6	189	16
15	11 37 47	4 46	43	13 36 11	3 1	135	14 38 10	1 0	190	15
16	11 42 33	4 42	46	13 39 12	2 58	138	14 39 10	0 56	191	14
17	11 47 15	4 39	50	13 42 10	2 53	140	14 40 6	0 52	192	13
18	11 51 54	4 37	53	13 45 5	2 50	143	14 40 58	0 48	193	12
19	11 56 31	4 33	57	13 47 53	2 46	145	14 41 46	0 45	194	11
20	12 1 4	4 29	60	13 50 39	2 42	148	14 42 31	0 40	194	10
21	12 5 33	4 27	62	13 53 21	2 38	150	14 43 11	0 36	195	9
22	12 10 0	4 23	66	13 55 59	2 34	152	14 43 47	0 32	195	8
23	12 14 23	4 20	70	13 58 33	2 30	155	14 44 19	0 27	196	7
24	12 18 43	4 16	72	14 1 3	2 26	157	14 44 46	0 23	196	6
25	12 22 59	4 13	75	14 3 29	2 22	159	14 45 9	0 19	196	5
26	12 27 12	4 10	79	14 5 51	2 18	161	14 45 28	0 15	197	4
27	12 31 22	4 6	82	14 8 9	2 16	163	14 45 43	0 10	197	3
28	12 35 28	4 3	85	14 10 25	2 11	165	14 45 53	0 6	197	2
29	12 39 31	3 59	88	14 12 36	2 5	167	14 45 59	0 2	197	1
30	12 43 30		92	14 14 41		169	14 46 1		197	0
D.	VIII^s			VII^s			VI^s			

TABLE X.

Équations produites par l'action des planètes sur le logarithme de la distance de la terre au Soleil, toujours additives.

N	Arg. II	Arg. III	Arg. IV	Arg. V	N	N	Arg. VI	Arg. IX	Arg. 2IV-VI	Arg. 2V-VIII
0	319	170	50	132	1000	0	16	16	10	0
50	308	145	46	137	950	100	24	26	10	2
100	288	91	36	150	900	200	28	33	10	5
150	253	43	22	162	850	300	26	33	6	11
200	209	19	8	161	800	400	20	27	3	15
250	159	21	0	145	750	500	12	18	0	16
300	110	52	3	114	700	600	4	8	0	13
350	69	99	16	75	650	700	0	1	1	9
400	30	147	32	37	600	800	1	0	4	4
450	8	184	46	10	550	900	7	6	7	1
500	0	197	51	0	500	1000	16	16	10	0

Otez de la somme des logarithmes de ces *huit* équations, le logarithme constant 445.

TABLE XI.

Obliquité moyenne de l'Écliptique, au solstice d'Été de l'An 1809 = 23° 27′ 52″,3.

DIMINUT. ANNUELLE DE L'OBLIQ.

ÉQUATIONS POUR L'OBLIQUITÉ MOYENNE.

Ans.	Sec.
1	0, 52
2	1, 04
3	1, 56
4	2, 08
5	2, 60
6	3, 13
7	3, 65
8	4, 17
9	4, 69
10	5, 21

Nutation lunaire.

Arg. ☋	+	Arg. ☋
0	19″ 10	1000
50	18, 63	950
100	17, 28	900
150	15, 16	850
200	12, 50	800
250	9, 55	750
300	6, 60	700
350	3, 94	650
400	1, 82	600
450	0, 47	550
500	0, 00	500

Otez 9″ 55.

Nutation solaire.

Arg. Long. ☉	+	Arg. Long. ☉
0ˢ VIˢ 0°	0″ 87	0ˢ VIˢ XIIˢ
	0, 81	15.
1ˢ VIIˢ 0	0, 65	0 Vˢ XIˢ
	0, 43	15
IIˢ VIIIˢ 0	0, 22	0 IVˢ Xˢ
	0, 06	15
IIIˢ IXˢ 0	0, 00	0 IIIˢ IXˢ

Otez 0″ 45.

TABLE XII.

Pour la latit. du Sol. toujours additif.

N	Arg. VI—III	Arg. VI+III	Arg. V—VIII	Arg. II+☉+☊
0	0"20	0"48	0"52	0"67
100	0,20	0,47	0,27	1,06
200	0,16	0,58	0,19	1,31
300	0,10	0,23	0,09	1,31
400	0,04	0,09	0,02	1,06
500	0,00	0,00	0,00	0,67
600	0,00	0,01	0,05	0,28
700	0,04	0,10	0,15	0,03
800	0,10	0,25	0,23	0,03
900	0,16	0,59	0,30	0,28
1000	0,20	0,48	0,32	0,67

ôtez 1"18.

TABLE XIII.

Effet de la latitude du Soleil.

LA DÉC. OBS. Correction
— 0"92
— 0,93
— 0,96
— 1,00

SUR LA LONG. ET L'ASC. DR. DU ☉ OBS.

Arg. long. ☉	0s +	1s +	2s +	3s —	4s —	5s —
	6s —	7s —	8s —	9s +	10s +	11s +
0°	0"40	0"34	0"20	0"00	0,20	0"54
10	0,39	0,51	0,14	0,07	0,26	0,37
20	0,36	0,26	0,07	0,14	0,31	0,39
30	0,34	0,20	0,00	0,20	0,34	0,40

Ces tables supposent la latitude apparente, et boréale du Soleil = + 1", ou en multipliera les nombres par la vraie valeur de la latit. trouvée par la Table XII.

TABLE XIV.

...u mouvement horaire en longitude, et du demi-diamètre du Soleil.

ARG. ANOMALIE MOYENNE DU SOLEIL.

0s mouv. hor.	demi diam.	1s mouv. hor.	demi diam.	11s mouv. hor.	demi diam.	111s mouv. hor.	demi diam.	1vs mouv. hor.	demi diam.	vs mouv. hor.	demi diam.	Degrés.
0"00	0"00	0"61	2"05	2"55	7"67	4"75	15"60	7"29	23"80	9"21	29"99	30
0,06	0,23	1,07	5,56	5,08	10,15	5,62	18,42	8,03	26,18	9,60	31,25	20
0,27	0,91	1,65	5,46	5,90	12,82	6,47	21,18	8,68	28,28	9,85	32,03	10
0,61	2,05	2,25	7,67	4,75	15,60	7,29	25,80	9,21	29,99	9,93	32,29	0
XIs		Xs		IXs		VIIIs		VIIs		VIs		Deg.

Ajoutez au mouvement horaire .... 2' 22"99
Ajoutez au demi-diamètre 15 45,50

TABLE XV.

Mouvement horaire du Soleil, en longitude, en ascension droite, et en déclinaison.

ARG. LONGITUDE VRAIE DU SOLEIL.

long. ⊙	0^s			1^s		
	en long.	en asc. dr.	en déclin.	en long.	en asc. dr.	en déclin.
0°	5″79	1″69	59″23	3″24	4″88	51″45
10	4,92	1,55	58,13	2,46	8,00	45,89
20	4,07	2,67	55,53	1,76	11,61	38,89
30	3,24	4,88	51,45	1,15	15,29	30,57

ARG. LONGITUDE VRAIE DU SOLEIL.

long. ⊙	II^s			III^s		
	en long.	en asc. dr.	en déclin.	en long.	en asc. dr.	en déclin.
0°	1″15	15″29	30″57	0,08	21″18	0″00
10	0,66	18,44	21,09	0,99	20,22	10,75
20	0,50	20,53	10,77	0,08	17,84	21,01
30	0,08	21,18	0,00	0,30	14,40	30,39

ARG. LONGITUDE VRAIE DU SOLEIL.

long. ⊙	IV^s			V^s		
	en long.	en asc. dr.	en déclin.	en long.	en asc. dr.	en déclin.
0°	0,30	14″40	30″39	1″76	3″45	50″92
10	0,66	10,50	38,60	2,46	1,17	54,92
20	1,15	6,71	45,47	3,24	0,00	57,47
30	1,76	3,45	50,02	4,07	0,12	58,55

Ajoutez au mouv. hor. du ⊙ en longitude la constante . . . 2′ 22″,98
Ajoutez au mouv. hor. du ⊙ en ascens. droite la constante . 2 14, 77

TABLE XV.

Mouvement horaire du Soleil, en longitude, en ascension droite, et en déclinaison.

ARG. LONGITUDE VRAIE DU SOLEIL.

long. ☉	VI^s			VII^s		
	en long.	en asc. dr.	en déclin.	en long.	en asc. dr.	en déclin.
0°	4″07	0″12	58″55	6″63	8″11	52″64
10	4,92	2,56	58,13	7,42	12,87	47,45
20	5,79	4,28	56,18	8,14	18,07	40,61
30	6,63	8,11	52,64	8,76	23,21	32,18

ARG. LONGITUDE VRAIE DU SOLEIL.

long. ☉	VIII^s			IX^s		
	en long.	en asc. dr.	en déclin.	en long.	en asc. dr.	en déclin.
0°	8″76	23″21	32″18	9,86	31″84	0″00
10	9,26	27,62	22,35	9,94	30,99	11,49
20	9,64	30,66	11,47	9,86	29,26	22,44
30	9,86	31,84	0,00	9,63	24,12	32,36

ARG. LONGITUDE VRAIE DU SOLEIL.

long. ☉	X^s			XI^s		
	en long.	en asc. dr.	en déclin.	en long.	en asc. dr.	en déclin.
0°	9,65	24″12	32″36	8″14	9″55	53″17
10	9,26	19,21	40,91	7,44	5,80	56,80
20	8,76	14,18	47,88	6,64	3,14	58,81
30	8,14	9,55	55,17	5,79	1,69	59,23

Ajoutez au mouv. hor. du ☉ en longitude la constante . . . 2′ 22″ 98
Ajoutez au mouv. hor. du ☉ en ascens. droite la constante . 2 14, 77

TABLES.

Des époques des ascensions droites moyennes du Soleil en tems, pour servir à la conversion du tems sidéral en tems solaire moyen, et vice-versa.

ÉPOQUES DES ASC. DR. MOY.   QUOTIENT.   RESTE.

An.	Asc. dr. moy. ☉	☊
1603	18ʰ 38′ 30″ 745	323
1703	18 37 37, 392	696
1803	18 36 44, 037	069
1903	18 35 47, 237	442

à multiplier avec	☊
+7″ 327	214,9

R.	Ajout. à l'asc. dr. du ☉	☊
1	+ 2′ 59″ 248	54
2	+ 2 1, 942	107
3	+ 1 4, 654	161

Dans les années 1600, 1601 1602, 1700, 1701, 1702 etc. . . ôtez de l'asc. droite du ☉; 3′ 56″, 555

Logarithmes constans.
du mouv. moy. diu. en asc. dr. . . 0,5371458
du mouv. moy. hor. en asc. dr. . 0,9937210
de l'accéler. des fixes en heures. . 0,9925314

ÉQUATION DES POINTS ÉQUINOCTIAUX
EN ASC. DROITE, ET EN TEMS.

N ☊	+	N ☊	N ☊	+	N ☊
0	1″ 099	500	500	1″ 099	1000
50	1, 438	450	550	0, 759	950
100	1, 746	400	600	0, 452	900
150	1, 992	350	650	0, 205	850
200	2, 146	300	700	0, 053	800
250	2, 199	250	750	0, 000	750

ôtez 1″, 099.

TABLES

*Équation générale pour le midi et le minuit conclu par
des hauteurs correspondantes du Soleil.*

ARG. MOITIÉ DE L'INTERVALLE.

Heures	Angle α		Differ. pour 1' de tems	Angle β		Differ. pour 1' de tems
1	45°	0'		12°	10'	
2	46	0	1' 0	11	20	0' 8
3	47	40	1, 7	9	50	1, 5
4	50	5	2, 4	7	56	2, 2
5	53	15	5, 2	4	25	5, 2
			4, 0			4, 4
6	57	15	4, 7	0 + 0		6, 2
7	61	55	5, 4	6	11	8, 7
8	67	18	5, 8	14	52	12, 6
9	75	7	5, 9	27	27	17, 5
10	79	4		45	0	

ARGUMENT. LONGITUDE VRAIE DU SOLEIL.

Degrés.	0^s		1^s		II^s		III^s		IV^s		V^s	
	$a-$	$b-$	$a-$	$b-$	$a-$	$b-$	$a+$	$b+$	$a+$	$b+$	$a+$	$b+$
0	15"26	0"00	13"25	12"07	7"87	12"92	0"00	0"00	7"83	12"89	15"12	11"95
10	14,97	4 65	11,82	14,05	5,43	9,83	2,77	5,29	9.94	14,27	14.15	8,72
20	14,50	8,81	10,02	14,58	2,77	5,30	5,41	9,79	11,71	13,90	14,80	4,60
50	15,25	12,07	7,87	12,92	0.00	0.00	7.85	12.89	13,12	11,95	15.08	0,00

ARGUMENT. LONGITUDE VRAIE DU SOLEIL.

Degrés.	VI^s		VII^s		VIII^s		IX^s		X^s		XI^s	
	$a+$	$b-$	$a+$	$b-$	$a+$	$b-$	$a-$	$b+$	$a-$	$b+$	$a-$	$b+$
0	15"08	0"00	15"56	12"55	8"29	15"65	0"00	0"00	8"54	15"75	15"70	12"47
10	14,97	4,65	12,22	14,51	5,76	10,41	2,97	5,66	10,54	15,15	14,65	9,02
20	14,47	8,92	10,46	15,02	2,95	5,64	5,78	10,46	13,55	14,64	15,15	4,71
50	15,56	12,55	8,29	15,65	0,00	0,00	8,34	15,75	13,70	12,4	15,26	0,00

Log. tang. a + Log. tang. Latit. + Log. a . . I Partie de l'équation.
Log. tang. β + Log. b . . . . II Partie de l'équation.
Changez le signe de a pour $\left(\begin{array}{c}\text{midi}\\\text{minuit}\end{array}\right)$ si la latitude est $\left(\begin{array}{c}\text{australe}\\\text{boréale}\end{array}\right)$
Le signe du terme b est invariable.

TABLES

Pour calculer les réfractions moyennes et vraies d'après la théorie de M. LA PLACE, *et suivant les constantes de* M. DELAMBRE, *et* M. CARLINI.

TABLE I. ANGLE AUXILIAIRE φ.					
Dist. au Zen.	φ	Dist. au Zen.	φ	Dist. au Zen.	φ — Selon Carlini / Selon Delam.
Selon Delambre, et Carlini					
50°	1′ 50″	75° 0′	13′ 0″	85° 0	56 10″ | 55 30″
51	1 35	20	13 10	10	57 10 | 56 30
52	1 40	40	13 20	20	58 10 | 57 30
53	1 45	76 0	13 30	30	59 10 | 58 30
54	1 50	20	13 40	40	40 10 | 59 30
55	2 0	40	13 50	50	41 20 | 40 40
56	2 25	77 0	14 0	86 0	42 40 | 41 50
57	2 50	20	14 20	10	44 0 | 43 0
58	3 15	40	14 40	20	45 20 | 44 20
59	3 40	78 0	15 0	30	46 40 | 45 40
60	4 0	20	15 30	40	48 10 | 47 10
61	4 25	40	16 0	50	49 40 | 48 40
62	4 50	79 0	16 40	87 0	51 20 | 50 10
63	5 15	20	17 20	10	53 10 | 51 50
64	5 40	40	18 0	20	55 0 | 53 30
65	6 5	80 0	18 50	30	57 0 | 55 20
66	6 30	20	19 40	40	59 10 | 57 10
67	6 55	40	20 30	50	61 20 | 59 10
68	7 20	81 0	21 30	88 0	65 40 | 61 20
69	7 45	20	22 30	10	66 0 | 63 40
70 0′	8 16	40	23 30	20	68 40 | 66 10
70 50	8 45	82 0	24 30	30	71 30 | 68 40
71 0	9 10	20	25 30	40	74 50 | 71 20
71 50	9 35	40	26 30	50	77 40 | 74 0
72 0	10 0	83 0	27 30	89 0	81 0 | 76 50
72 50	10 50	20	28 30	10	84 50 | 80 0
73 0	11 0	40	29 30	20	88 20 | 83 20
73 50	11 50	84 0	30 50	30	92 50 | 86 50
74 0	12 0	20	32 10	40	97 50 | 90 50
74 50	12 30	40	34 0	50	102 20 | 94 50
75 0	13 0	85 0	36 10	90 0	107 50 | 98 40

Réfraction moyenne.

Suiv. $\begin{cases} \text{M. } \textit{Delambre} \text{.. Log. 1,7649250} + \text{Log. tang. } (Z.-\varphi) \\ \text{M. } \textit{Carlini} \text{ .... Log. 1,7626786} + \text{Log. tang. } (Z.-\varphi) \end{cases}$

TAB. II. *Log. du facteur dépendant de la hauteur du baromètre.*

Pou-ces Pa-ris.	Log. selon Delamb.	Log. selon Carlini
26	9, 9666	9, 9678
27	9, 9850	9, 9842
28	9, 9988	0, 0000
29	0, 0141	0, 0153

Lign.	26.^{p} log.	27.^{p} log.	28.^{p} log.
1	14	13	13
2	28	26	26
3	42	39	39
4	55	55	51
5	69	66	65
6	83	79	78
7	97	92	90
8	110	105	103
9	124	118	115
10	137	131	128
11	151	145	140

TAB. III. *Nombres dépendants de la hauteur du thermomètre et à multiplier avec les degrés du thermomètre de Réaumur.*

Ther. Réau	au dessus de 0° +	au dessous de 0° —
0°	— 21, 0	+ 22, 0
10	— 21, 0	+ 22, 0
20	— 20, 5	+ 22, 5
30	— 20, 0	+ 23, 0

Log. const. des fact. therm.
Selon *Delambre* . . 0, 0168
Selon *Carlini* 0, 0209

TABLE IV.

Seconde partie de la correction thermo-metrique v multiplier par les degrés du thermomètre au delà de 10.°

Dist. Zen.	Corr. —	Dist. Zen.	Corr. —	Dist. Zen.	Corr. —
80°	0″05	86° 0′	0″55	89° 0′	4″65
81	0, 07	50	0, 75	10	5, 35
82	0, 10	87 0	0, 99	20	6, 27
83	0, 14	50	1, 39	50	7, 38
84	0, 21	88 0	2, 00	40	8, 75
85	0, 33	30	2, 97	50	10, 44
86	0, 55	89 0	4, 65	90 0	13, 49

TABLE V.

Quantité à ajouter pour avoir la vraie réfraction vers le Nord.

Dist. Zen.	Corr. +
85° 30′	2″ 1
86 0	3, 2
86 30	4, 8
87 0	7, 5
87 30	12, 2
88 0	20, 3
88 30	36, 0

EXPLICATION ET USAGE

DES

TABLES DU SOLEIL

_____

TABLE I.

Cette Table renferme les longitudes et latitudes des Observatoires les plus remarquables de l'Europe, d'après les observations les plus récentes. Elle est absolument nécessaire
pour réduire au tems de Paris les observations faites dans
ces lieux, pour qu'on y puisse employer nos Tables; ce
pourquoi toutes les longitudes de cette Table sont marquées
en tems, il faut les ajouter, quand elles sont précédées du
signe +, et les ôter, quand elles ont le signe —. Ainsi,
supposant qu'un phénomène céleste ait eû lieu à Pise, à
12.^{h} 15′ 34″,5, on trouvera dans la Table la longitude, ou
la différence des méridiens avec l'Observatoire de Paris,
— 32′ 15″,0; donc, au moment de l'observation de Pise, on
comptait à Paris 11.^{h} 43′ 19″,5, et c'est pour cet instant,
qu'il faut calculer le lieu du Soleil dans nos Tables, si l'on
en avait besoin pour cette observation .

TABLES II, III, IV, V, VI.

Trouver les époques des longitudes, et des anomalies moyennes du Soleil, pour une année donnée.

1) Cherchez l'époque la plus proche, et antérieure à l'année proposée dans la Table II.

2) Divisez la différence des nombres d'années écoulées depuis l'époque jusqu'à l'année proposée par 4; multipliez les nombres de la Table III par le quotient, et ajoutez ce produit selon son signe aux époques de la Table II.

3) Ajoutez y encore les nombres de la Table IV, indiqués par les restes 1, 2, 3, de la division, et vous aurez les époques de l'année demandée.

4) Si l'année prŏposée est une de trois premieres années du commencement de chaque siècle, c'est-à-dire: 1600, 1601, 1602; ou 1700, 1701, 1702 et ainsi de suite, ôtez de l'époque de la longitude, ainsi que de l'anomalie moyenne, 59' 8″,33, et des argumens de pérturbation les nombres de 24 heures de la Table VI.

EXEMPLE I.

On demande les époques pour l'an 1814.

L'année la plus proche, et antérieure à l'année donnée est l'an 1803; la différence 11 de ces années, divisée par 4, donne 2 pour quotient, et 3 en reste; la disposition du calcul sera par consequent:

	Long. moy. du Soleil	Anom. moy. du Sol.
Époques pour 1803 de la Table II (1)...	9ˢ 9° 11′ 0″54	5ˢ 29° 38′ 53″
2fois les nombres de la Table III (2)...	+ 3 39,84	− 4 36
Le reste 3 de la Table IV .....(3)...	+ 16 9,53	+ 13 3,5
Époques pour l'an 1814.	9 9 30 49,91	5 29 47 20,5

Pour les argumens de pérturbation, on aura:

	II	III	IV	V	VI	VII	VIII	IX	X	XI	Ω
Époques 1803 Table II	234	001	035	794	727	205	480	728	453	314	069
2 fois les arg. de la Tab. III.	948	4	746	325	9	507	675	13	14	650	430
Reste 3 dans la Tab. IV.	114	877	406	748	753	190	253	630	629	495	161
Époques des arg. pour 1814	296	332	187	867	489	902	408	371	96	459	660

EXEMPLE II.

On cherche les époques des mouvemens moyens du Soleil pour l'an 1801.

L'an le plus près et antérieur à l'année proposée dans la Table II, est l'an 1703: la différence de ces années est 98, laquelle divisée par 4, donne 24 pour quotient, et 2 de reste. Remarquez encore, que l'année proposée est une de trois premieres du commencement du siècle, donc le calcul se fera selon le tableau suivant:

	Long. moy. du Sol.	Anom. m. du Sol.
Époques 1703 Tab. II. (1)...........	9^s 9^0 $24'$ $20''$ 87	6^s 1^0 $35'$ $23''$
24 fois les nombres de la Table III (2)...	$+$ 43 $58,$ 08	$-$ 55 14
Le reste 2 de la Table IV (3)........	$+$ 30 $29,$ 13	$+$ 28 25
à cause du précepte (4).............	$-$ 59 $8,$ 33	$-$ 59 8
Époques pour l'an 1801.............	9 9 39 $39,$ 75	0 0 9 26

Formation des argumens de perturbation pour 1801.

	11	111	IV	V	VI	VII	VIII	IX	X	XI	Ω
Époques pour 1703 Tab. II	415	452	206	229	614	861	046	066	776	183	696
24 fois les arg. de la Tab. III	378	048	957	902	110	91	98	158	173	805	158
Reste 2 de la Tab. IV	754	252	938	833	502	126	169	754	752	664	107
à cause du précepte (4)....	-34	—2	—1	—3	0	0	0	—4	0	—3	0
Époques des Arg. pour 1801.	513	750	100	961	226	78	313	975	701	649	961

Trouver les mouvemens moyens du Soleil en longitude et en anomalie pour tous les jours de l'an.

Réduisez, moyennant la table A, le jour donné du mois, en jours courants de l'année écoulés depuis le 1 Janvier, ce sont autant de degrés, dont vous retrancherez le nombre des secondes, que vous trouverez en ajoutant le logarithme de ce nombre des jours, au logarithme constant 1, 7132385 pour avoir le moyen mouvement en longitude, et au logarithme constant 1, 7146627 pour avoir celui en anomalie moyenne. Les argumens de pérturbation pour les jours du mois, se formeront facilement par la Table V.

EXEMPLE

On demande le moyen mouvement du Soleil, tant en longitude, qu'en anomalie moyenne du Soleil, pour le 24 Août. Dans la Table A on trouve pour le mois d'Août,

$$212 \text{ jours}$$
$$24 \text{ jours}$$

Donc, le 24 Août... $= 236$ jours de l'année.

En Long.	En Anom.
Log. 236 . .2, 3729120	Log. 236 . .2, 3729120
Log. const. . .1, 7132385	Log. const. . . .1, 7146627
Log. . . .4, 0861303 . .12194″,1 . .	4, 0875747 . .12234″, 2 . .
. . − 3° 23′ 14″,1	. . − 3° 23′ 54″,1
236 0 0	236 0 0
232 36 45,9	232 36 5, 9

Donc, les moyens mouvemens du Soleil pour le 24 Août, sont :

En longitude ... 7ˢ 22° 36′ 45″, 9

En anomalie ... 7   22   36   5, 9

Les argumens de perturbation se forment par la Table V de la manière suivante :

	II	III	IV	V	VI	VII	VIII	IX	X	XI	Ω
Pour 200 jours	772	343	256	502	137	34	45	480	931	457	30
30 —	16	51	48	75	21	5	7	72	991	68	4
6 —	203	10	7	15	4	1	1	14	998	14	1
Arg.ˢ pour le 24 Août ...	991	404	301	592	162	40	53	566	920	539	35

Trouver les mouvemens moyens pour les heures, minutes, et secondes.

Réduisez les heures et les minutes en secondes, et ajoutez au logarithme de ce nombre des secondes, le logarithme constant 8,6135066, et vous aurez le mouvement moyen du Soleil, tant en longitude, qu'en anomalie.

On trouvera dans la Table VI ces mouvemens pour les argumens.

EXEMPLE

On demande le moyen mouvement du Soleil pour 20 heures, 2 min. 35 sec. $= 72155''$

Log. $72155'' = 4, 8582664$

Log. const. $= 8, 6135066$

Log. $= 3. 4717730 = 2963'' 28$

Donc, moyen mouv. du Soleil en 20^h $2'$ $35''$, tant en longitude, qu'en anomalie $= 49'$ $23''$, 28

Pour les argumens, on a toute-de-suite :

pour 20^h $2'$ $35''$

II	III	IV	V	IX	XI
28	2	1	2	2	2

TABLE VII.

Trouver l'équation du centre, et sa variation séculaire.

1.) Avec l'anomalie moyenne du Soleil comme argument, prenez dans la Table VII l'angle auxiliaire, que vous appliquerez selon son signe à cette anomalie.

2) Ajoutez le log. sinus de cette anomalie corrigée, au logarithme constant 3, 8405326; et vous aurez le logarithme de l'équation du centre exprimée en secondes, et du même signe indiqué par la Table VII.

3) Ajoutez ce même log. sinus, au log. constant 9,2760411; et vous aurez le log. de la variation pour un an, exprimée en secondes.

EXEMPLE I.

Dans la derniere édition de l'Astronomie de M. de la Lande, on trouve page 8 et 29 de ses tables astronomiques, un calcul complèt d'un lieu du Soleil pour l'an 1749, d'après les tables solaires de M. Delambre. L'anomalie moyenne du Soleil y a été trouvée $= 8^s$ $4°$ $43'$ $51''$. On demande l'équation du centre et la variation séculaire pour ce point de l'orbite terrestre .

Avec l'anomalie moyenne comme arg.t on trouvera dans la Table VII , l'angle auxiliaire $+$ 1° 5′ 54″

L'anom. moy. donnée est .... $=$ 8ˢ 4 43 51

Anomalie corrigée.... 8 5 49 45

Log. sin. anom. corrig. ...65° 49′ 45″ $=$ 9,9601513
Log. constant 3,8405326
Log. de l'équation du centre . . . . 3,8006839 $=$ 6319″,5 $=$ $+$ 1° 45′ 19″,5
Log. sin. anom. corr.... 9,9601513
Log. constant . . . . . . : . 9,2760411

Log.... 9,2361924... 0″, 17226 Var. d'un an

Depuis 1749,17 jusqu'en 1801,74 , époque des tables de
M. *Delambre* sont écoulés 52, 57 ans; donc la variation
de l'équation du centre sera... 52, 57 $\times$ 0″, 17226... $=$ . . . . $+$ 9,0
Donc l'équation du centre à l'époque proposée... $+$ 1° 45′ 28″,5
Exactement comme M. *de la Lande* l' avait trouvée dans l'exemple cité.

EXEMPLE II.

M. DELAMBRE dans ses nouvelles tables solaires publiées en 1806 par le bureau des longitudes de France, y donne un exemple figuré d'un lieu du Soleil pour le 13 Novembre de l'an 1805. Il trouve l'anomalie moyenne du Soleil *comptée du perigée* $=$ 10ˢ 12° 42′ 54″. Comme l'habitude constante des astronomes de tous les siècles et de toutes les nations, avait été jusqu'à present de compter les anomalies de l'*apogée du Soleil*, nous avons conservé dans nos tables cet ancien usage: donc pour réduire une anomalie comptée du perigée, à celle comptée de l'apogée, on n'aura qu'à y ajouter 6 signes; par conséquent l'anomalie proposée, comptée de l'apogée sera $=$ 4ˢ 12° 42′ 54′ avec la quelle on trouvera dans notre Table VII l'angle au xiliaire $= - 0°$ 53′ 45″ et partant, l'anomalie corrigée $= 4^s$ 11° 49′ 9″. Nous avons donc le calcul qui suit :

Log. sin. ano. corr. . . . . . $= 48° 10′ 51″ = 9,8723037$
Log. constant. . . . . $= 3,8405326$

                         Log. $= 3,7128363 = 5162″2 = - 1°26′ 2″2$

Log. sin. an. cor. $= 9,8723037$
Log. constant $= 9,2760411$

             Log. $= 9,1483448 = 0″14071$ var. d'un an
Années écoulées $= 4,2 \times - 0″14071 = - 0″59098$ Variation cherchée . . . $-0,59$
                      Vraie équation du centre $= $ . . . . . $- 1° 26′ 2″79$
M. *Delambre* trouve pour cette équation $= 11^s 28° 35′ 12″7$
Mais à cause de la forme de ses tables, il faut en prendre le supplément à 12
signes, nous aurons donc pour l'équation du centre . . . . $- 1° 26′ 47″3$
                  La constante de sa table à ôter   45
                                     $- 1$ 26   2,3
                    Variation séculaire . . . . $- 0,5$
La même équation, comme nous l'avons trouvée ci-dessus. $- 1° 26′ 2″8$

TABLE VIII.

TROUVER LES PETITES ÉQUATIONS DE PERTURBATION .

Cette Table ne présente que des quantités additives ; on les trouve moyennant les **onze** argumens formés ; on ôte de leur somme la quantité constante 59″,78, le reste s'applique selon son signe au lieu élliptique du Soleil, et on aura le vrai lieu du Soleil compté de *l'équinoxe vrai*. Dans le calcul des planétes et comètes on a besoin de connaître le lieu du Soleil, ou pour mieux dire le lieu héliocentrique de la terre compté de *l'équinoxe moyen* ; en ce cas là on omet la derniere équation de nutation (Ω), on ôte seulement 41″,78 de la somme des équations de perturbation, et on ajoute la partie constante de l'aberration 20,″25.

TABLE IX.

TROUVER LE LOGARITHME DE LA DISTANCE DU SOLEIL A LA TERRE, ET DE SA VARIATION SÉCULAIRE.

1) Avec l'anomalie moyenne du Soleil comme argument, cherchez dans la Table IX l'angle auxiliaire correspondant.

2) Ajoutez le log. cosinus de cet angle auxiliaire au loga rithme constant 0, 0072323 et vous aurez le logarithme du rayon vecteur élliptique.

3) Avec le même argument, on trouvera dans la même ta- ble, le log. de la variation séculaire avec son signe.

EXEMPLE.

Dans le même exemple que nous avons donné ci-dessus pour le calcul de l'équation du centre, nous avions l'ano- malie moyenne du Soleil = 8ˢ 4° 43' 51", on trouvera avec cet argument dans la Table IX l'angle auxiliaire = 12° 24' 7". dont le

Log. cosinus = 9, 9897456
Log. constant = 0, 0072323
Log. de la distance = 9, 9969779

M. *de la Lande* trouve au lieu cité ce log. = 9, 996977

La même table donne pour le log. de la variation séculai- re + 76 par conséquent pour 52, 57 ans, log. — 39, 95 M. *de la Lande* met — 40.

TABLE X.

TROUVER LES LOGARITHMES DES PERTURBATIONS PLANÉTAIRES

DU RAYON VECTEUR.

1) Avec les *huit* argumens, dont on formera facilement les deux derniers (2 IV—VI) et (2 V—VIII), on trouvera dans la table X les derniers chiffres du logarithme de la distance du Soleil à la terre à 7 décimales; ils sont tous additifs.

2) De leur somme ôtez le nombre constant 445.

3) Appliquez le reste avec son signe au rayon vecteur élliptique, et vous aurez le log. de la distance vraie du Soleil à la terre.

TABLE XI.

OBLIQUITÉ MOYENNE DE L'ÉCLIPTIQUE ET SA RÉDUCTION.

L'obliquité moyenne de l'écliptique au solstice d'été le 20 Juin 1809 est = 23° 27' 52",30, et sa diminution annuelle = — 0", 521; par conséquent, si l'on veut avoir l'obliquité pour un tems quelconque, il suffit de la réduire moyennant cette variation annuelle. On demande par exemple l'obliquité moyenne pour le 1 Octobre 1809.

Nous avons obliq. moy. le 20 Juin 1809.. 23° 27' 52",30
jusqu'au 1 Octobre 1809 il y a un an et
102 jours = 1, 279 an, donc la diminution
sera 1, 279 × — 0",521 = ... — 0, 67

Obliquité moyenne le 1 Octobre 1809. . . 23° 27' 51",63

TROUVER LES CORRECTIONS POUR RÉDUIRE L'OBLIQUITÉ MO-

YENNE DE L'ÉCLIPTIQUE A L'OBLIQUITÉ *APPARENTE*.

On demande à convertir l'obliquité *moyenne* de l'écliptique pour le 15 Novbr. 1805 en obliquité apparente. Cher-

chez avec l'argument $\Omega = 222$ dans la table XI la première partie de la nutation, et vous aurez . $+ 11'',24$

Constante à ôter . . . . $- 9,55$
$$\overline{+ \quad 1'',69 \text{ nut. lun·}}$$

Avec l'Arg. long. vr. $\odot = 7^s\ 21°$ vous trouverez la II
partie de la nutation $= \ldots \ldots + 0'',34$

La constante à ôter. . . . . . . $- 0,43$
$$\overline{\text{Nutation solaire } \ldots \ldots \ldots - 0'',09}$$

Ainsi, la correction totale $= + 1'',69 - 0'',09 = + 1'',60$
M. *Delambre* trouve $= +1'',7 - 0'',1 = +1'',60$.

TABLE XII.

Ces équations de latitude ont été calculées d'après la théorie de M. *La Place* (*Mécanique céleste, Tom. III page* 106).
Il est nécessaire d'y avoir égard dans les observations modernes qui comportent une grande précision, comme dans les
observations dèlicates des solstices et des équinoxes, faites
avec des excellens cercles-multiplicateurs: la somme de ces
petites équations peut dans certaines circonstances aller jusqu'à une seconde.

Nos tables ne donnent pas immediatement les quatre argumens qui servent à trouver la latitude du Soleil, mais on
les formera facilement d'après les indications mises à la tête
des colonnes de cette table. Le signe $+$ indique une latitude
boréale, le signe $-$ une latitude australe.

EXEMPLE I.

On demande la latitude du Soleil pour le 1 Août 1803.

On formera d'abord les argumens, avec les quels on aura par la table XII.

Équat. de la table.

Arg. (VI — III) $=$ 5o8 . . . . $+$ o″, oo

Arg. (VI $+$ III) $=$ 24o . . . . $+$ o, 32

Arg. (V — VIII) $=$ 799 . . . . $+$ o, 24

Arg. (II $+$ ☉ $+$ ☊) $=$ 9o5 . . . . $+$ o, 3o

$+$ o, 86

Constante $= -$ 1, 18

$-$ o″, 32 Lat. austr. du ☉.

TABLE XIII.

EFFET DE LA LATITUDE DU SOLEIL SUR LA LONGITUDE, ET SUR SON ASCENSION DROITE OBSERVÉE.

Cet effet est presque le même pour la longitude, que pour l'ascension droite, et l'on peut très-bien les confondre, et en négliger la différence; puisqu'elle ne s'élève jamais au delà de o″, o3. Cette correction est $+$ lat. ☉. tang. obl. cos. long ☉ pour la longitude, et $+\dfrac{\text{lat. Sol. sin. obl. cos. long. Sol.}}{\text{Cos.}^2 \text{ decl. Sol.}}$ pour l'ascension droite du Soleil.

Elle change de signe, quand la latitude du Soleil est australe dans les signes ascendans, ou boréale dans les signes déscendans.

La table suppose une latitude boréale du Soleil de $+$ 1″; on en multipliera les nombres par la vraie latitude du Soleil trouvée par la table XII. Par exemple; avec la longitude vraie du Soleil le 1 Août 1803 $= 4^s\ 8°\ 10'$, et qui est l'argument, on y trouvera le nombre — o,″25, le quel multiplié par la latitude australe trouvée ci-dessus pour le même instant = — o″, 32 donnera — o″, 25 × — o″, 32 = + o″, 08 pour la correction de la longitude, ou de l'ascension droite du Soleil *observées*.

Cette correction serait d'un signe contraire et — o″, 08, si on voulait l'appliquer à la longitude, ou à l'ascension droite du Soleil *calculées* par nos tables.

EFFET DE LA LATITUDE DU SOLEIL, SUR SA DÉCLINAISON APPARENTE OBSERVÉE.

L'éffet que produit la latitude du Soleil sur la déclinaison, est exprimé par $\mp \frac{\text{lat. Sol. cos. obl.}}{\text{cos. decl. Sol.}}$. Le signe supérieur est pour une latitude boréale, le signe inférieur pour une latitude australe, mais observez toujours, que la déclinaison est négative, quand elle est australe. Dans la table XIII, on trouvera avec la déclinaison du Soleil le 1 Août 1803 = 18° 14′ le nombre correspondant — o″, 96, . La correction de la déclinaison sera par conséquent = — o″, 96 × — o″, 32 = + o″, 3072 ; on aura donc, en se tenant toujours à la régle algébrique des signes + et —

déclinaison bor. du ⊙ observée . + 18° 14′ 30″,773

$\qquad\qquad$ Correction . . . . . . $\underline{+ \text{o, } 307}$

Decl.vraie, réduite à l'Écliptique . . + 18 14 31″,080,

telle, que nous l'avons trouvée dans notre *Correspondance astronomique et géographique, Gotha* 1804. *Tom. IX p.* 18. Cette correction changerait de signe, si on voulait l'appliquer à une déclinaison *calculée* des tables.

EXEMPLE II.

On demande la latitude du Soleil pour le 15 Nov. 1805, et les corrections qui en derivent pour la longitude, l'ascension droite, et la déclinaison du Soleil *observée*.

On aura par la table XII avec les argumens ci-dessous, les équations :

Arg. (VI — III) $= 652$ . . . . $+ 0'',02$

Arg. (VI + III) $= 244$ . . . . $+ 0, 30$

Arg. (V — VIII) $= 700$ . . . . $+ 0, 13$

Arg. (II + ⊙ + ☊) $= 605$ . . . . $\underline{+ 0, 27}$

$+ 0, 72$

Constante . . . . $— 1, 18$

Latitude australe du ⊙ $= — 0, \overline{46}$

La correction pour la longitude et l'ascension droite sera :

Avec l'arg. long. vr. ⊙ $= 7^s 20° 51'$ on a dans la Table XIII $—0'',26$. Donc la correction cherchée sera $— 0'', 26 \times — 0'',46 = + 0'', 1196$.

Correction pour la déclinaison :

Avec arg. decl. ⊙ $= 17° 48'$ on trouve dans la Table XIII $—0'',96$, la correction demandée sera par conséquent $— 0'',96 \times — 0'', 46 = + 0'', 44$. Cette correction étant positive, et la déclinaison du Soleil étant australe, et par conséquent négative, il en resulte, que la déclinaison doit être diminuée de $0'', 44$. M. *Delambre* qui a calculé ce même exemple dans ses tables Solaires, trouve les memes résultats dans son type de calcul.

TABLES XIV et XV.

MOUVEMENS HORAIRES ET DEMI-DIAMÈTRES DU SOLEIL.

Ces Tables donnent ces mouvemens en longitude, en ascension droite, et en déclinaison. La première a pour argument l'anomalie moyenne du Soleil, la seconde, sa longitude vraie. Les préceptes au bas de ces deux tables en font voir l'usage, il suffira de donner quelques exemples.

Dans l'exemple de M. *Delambre* rapporté plus haut, nous avons trouvé l'anomalie moyenne du Soleil $= 4^s \ 12° \ 42' \ 54''$, en entrant avec cet arg. dans la table XIV, on y trouvera pour le mouvement horaire du Soleil en longitude $8'', 11$, a- joutez y suivant le précepte la constante $2' \ 22'', 99$ et vous aurez pour ce mouvement $2' \ 31'', 20$.

La même table donnera pour le demi-diamètre du Soleil $26'', 75 + 15' \ 45'', 50 = 16' \ 12'', 25$

La table XV a pour argument la longitude vraie du Soleil; supposons la $= 7^s \ 20° \ 52'$, elle nous donnera :

$$\text{pour le mouv. hor.}\begin{cases} \text{en long.} \ . \ . \ \ 8'', 19 + 2' 22'', 98 = 2' 31'', 17 \\ \text{en asc. dr.} \ . \ . \ \ 18, \ \ 52 + 2 \ 14, \ 77 = 2 \ 33, \ 29 \\ \text{en déclinais.} \ 39'', 89 \end{cases}$$

exactement les mêmes nombres que trouve M. *Delambre* dans ses tables.

TABLES

Ces tables sont tout-à-fait disposées de la même manière que nos tables des époques des longitudes, et leur usage est ab- solument le même. Nous nous dispenserons par conséquent de répéter ici les préceptes; il suffira de les éclaircir par des exemples qui renfermeront tous les cas, qui peuvent se pré- senter dans l'usage de ces tables, les mêmes que nous avions deja donné dans la première édition (1792) de nos tables solaires, et que M. *Delambre* a encore choisi dans ses nouvelles tables du Soleil.

EXEMPLE.

On demande l'ascension droite moyenne du Soleil en tems le 31 Janvier 1791 à midi au méridien de Paris.

L'époque la plus proche *avant* l'année proposée, est dans la table I l'an 1703, la différence de ces deux années = 88 diviseé par 4, donne 22 pour quotient, et o en reste. La disposition du calcul se faira par conséquent de la maniere suivante :

					♌
Époque d'asc. dr. 1703 Tab. I. . .	18ʰ	37′	37″,392		696
22 × 7″,327 Tab. II.		2	41, 194		728
Mouvr. diurne pour 31 Janv. (1) . .	2	2	13, 216		4
Nutation en asc. dr. Tab. IV. . . .		+	0, 475		
Asc. dr. moy. ⊙ le 31 Jan. 1791 à .	20ʰ	42′	32″,277		428
midi à Paris.					

S'il s'agissait de calculer cette ascension droite pour un autre méridien que Paris, p. e. pour celui de Gotha, alors on n'aurait qu'à appliquer la différence des méridiens en tems = — 33′ 35″, (et qu'on trouvera dans la première table de ce recueil) au tems de Paris, et calculer l'asc. dr. pour ce tems, et comme c'est pour le midi vrai de Paris, ou pour 0ʰ0′0″ du 31 Janvier que nous avons entrepris de calculer cette

---

(1)   Log. 31 = 1, 491361

    log. mouv diur = 0, 5371458

               2, 0285075 = 106″,784

    31° en tems = 2ʰ 4′ 0″

                  — 1 46. 784

Mouv. pour 31ⁱ jours. .   2   2 13 216

ascension droite, on devra la calculer pour le 3o Janvier à
23ʰ 26′ 25″ pour l' avoir au méridien de Gotha; ou, ce qui
revient au même, il faut retrancher de l'ascension droite calculée pour Paris, le mouvement horaire moyen du Soleil
en ascension droite pour les 33′ 35″, et qu'on trouvera facilement au moyen des logarithmes constans, qui accompa-
gnent ces tables. Ainsi dans notre exemple on aura:
23′35″=33′,6=0ʰ,56 Log. 9, 7481880
Log.du.mouv.moy.horaire. o, 9937210

Log. o, 7419090 = 5″, 519 à ôter de
l'ascension droite ci-dessus.

Donc l'ascension droite moyenne du Soleil le 31 Janvier
1791 à midi au méridien de Gotha sera = 20ʰ 42′ 26″,758.

CONVERSION DU TEMS SIDERAL EN TEMS SOLAIRE MOYEN ET VICE VERSA.

L'usage de régler les pendules astronomiques sur le tems
du premier mobile, ou sur le tems sidéral, est généralement
introduit aujourd'hui chez tous les astronomes; cette mé-
thode est préferable à plusieurs égards, elle est surtout commode dans l'astronomie pratique, cependant pour le calcul
il est absolument nécessaire de connaître le tems solaire de
ces observations, lorsqu'on en veut tirer des résultats, ou les
comparer à la théorie et aux tables; il faut donc savoir convertir ce tems sidéral en tems solaire, voici les manieres
les plus expeditives pour y parvenir.

Du tems sidéral donné, retranchez l'ascension droite moyenne du Soleil calculée pour le midi du lieu de l'observation, le reste seratems le solaire *approcheé*. Je dis *approcheé*,
puisque ce tems se calcule par une espèce de règle de fausse

position, et que l'ascension droite employée n'a pû étre calculée pour l'instant du tems solaire inconnû encore, on la
calcule donc *provisoirement* pour midi, sauf une correction
pour cette anticipation de calcul dont on tient compte dans
la suite, ce qui se fait en prenant la partie proportionelle
de l'accélération diurne des fixes sur le mouvement moyen
du Soleil pour l'intervalle du midi, jusqu'au moment de ce
tems solaire approché, qu'on retranchera de ce tems pour
avoir enfin le tems solaire moyen cherché. Cette partie de
l'accéleration des fixes, se prendra facilement au moyen du
logarithme constant 0,9925314 que nous avons placé à la fin
de ces tables.

EXEMPLE I.

En 1791 le 31 Janvier, je vis passer à Gotha à une lunette mèridienne la planète *Uranus* à 8^h 59'36"374 tems sidéral, on demande le tems solaire moyen de ce passage.

Tems sidéral proposé à convertir en tems solaire moyen....	8^h	59'	36"374
Asc. dr. moy du Soleil à midi à Gotha, trouvée plus haut..	— 20	42	26,758
reste, tems solaire approché....	12	17	9,616
Correct de l'asc. dr. calculée d'avance pour midi (')	— 2		0,765
tems solaire moyen....	12	15	8,851
M. *Delambre* trouve par ses tables	12	15	8,88

Nous supposerons un instant (pour faire rémarquer la justesse de nos préceptes) qu'on ait connû d'avance le tems
solaire moyen 12^h 15' 8" 8; on n'aurait pas eû besoin alors
de calculer *provisoirement* l'ascension droite du Soleil pour
midi, mais on l'aurait calculée de suite pour cet instant, et
en ce cas on aurait eû le tems solaire moyen, en retranchant

(') Calcul de la correction
pour 12^h 17' 9" = 12^h 17' 16 = 12^h 286 log. = 1,0894105
log. const. = 0,9925314
log. de la corr ....2,0819419 = 120" 765 =
= 2' 0" 765

tout simplement du tems sidéral cette ascension droite moyenne. Ainsi dans notre exemple nous aurons eû.

Asc. dr. du ☉ le 31 Jan. à midi de Gotha . . . 20ʰ 42′ 26″758
Moy. mouv. en asc. dr. pour 12ʰ 15′ 8″ 8 . . . + 2 0,761
Asc. dr. pour le 31 Jan. à 12ʰ 15′ 8″ 8 t. m. (1) 20 44 27,519
tems sidéral donné 8 59 36,374
tems sol. moyen exactement comme ci-dessus 12 15 8,855

Convertir le tems solaire moyen en tems sidéral.

Ce problème est l'inverse de l'autre : on n'a qu'à l'execu-
ter en sens contraire ; c'est-à-dire, ajouter l'ascension droite
moyenne du Soleil calculée pour l'instant du tems moyen
solaire donné, et on aura immédiatement et d'un seul trait
le tems sidéral. Ainsi pour convertir 12ʰ 15′ 8″855 t. m sol.
on n'a qu'a ajouter l'asc. dr. moy. ☉
calculée pour cet instant 20 44 27,519
et on aura le tems sid. comme ci-dessus. 8 59 36,374

EXEMPLE II.

Étant à Marseille au commencement de l'an 1787, j'y fis
l'observation de la conjonction inférieure de Venus avec le
Soleil. Le 2 Janvier la planéte passa par la lunette mèridienne à 0ʰ 17′ 25″5 de tems solaire moyen : on demande le
tems sidéral de ce passage ; et puisque la lunette a été très
bien placée dans le méridien, on aura en même tems l'a-
scension droite vraie observée de Venus.

---

(1)   12ʰ 15′ 8″ 8 = 12ʰ 15′ 13 =
12ʰ 252 log. = 1,0882070
log. mouv. moy. = 0,9937210
log. = 2,0819280 = 120″,761
= 2′ 0″,761

On commencera par réduire le tems de Marseille, à celui de nos tables; la différence des méridiens est — 11′8″. Donc, lorsqu'il est 0ʰ 17′ 25″5 à Marseille, il n'est à Paris que 0ʰ 5′ 17″5, et c'est pour cet instant, qu'il faut calculer l'ascension droite du soleil par nos tables.

		♌
Époque 1703 Tab. I	18ʰ 37′ 37″392	696
21 ♓ 7′ 327 Tab. II.	2 33, 867	514
Mouv. diur. 2 Jan. (1)	7 53, 111	
Mouv. hor. 0ʰ 5′ 17″5 (2).	0, 869	
Nutat. en asc. dr. Tab. IV.	1, 057	
Asc. dr. moy. ☉.	18 48 6, 296	210
Tems moyen à Marseille	0 17 25, 5	
Tems sidéral et ascension dr. ♀ =	19 5 31, 796	
M. *Delambre* trouve.	19 5 31, 92	

En convertissant le tems sidéral en degrés, on aura l'ascension droite vraie de Venus = 286° 22′ 56″ 93

Convertir le tems solaire vrai en tems solaire moyen, et *vice-versa.*

La différence entre le tems solaire vrai, et le tems solaire moyen, est ce qu'on appelle, *l'équation du tems;* elle est égale à la différence entre l'ascension droite vraie et l'ascension droite moyenne du soleil, exprimée en tems. Si l'asc.

---

(1) 2° Log. 0,3010300
    Log. mouv. diur. . . . 0,5371458
    Log. 0,8381758 = 6″ 889
    2° = en tems 8′ 0, 0
    ————————
    7 53,111

(2) 0ʰ 5′ 17″5 = 0ʰ 7′292 = 0ʰ 0882 = Log. 8,9454686
    Log. mouv. hor. = 0,9937210
    Log. 9,9391896 = 0″869

dr. vraie est plus grande que la moyenne, elle s'ajoute au tems vrai pour avoir le tems moyen, c'est le contraire si l'asc. droite vraie est plus petite. Ces préceptes changent de signe, si on veut appliquer l'*équation du tems* au tems moyen pour avoir le tems vrai. Lorsqu'on a trouvé par les tables la longitude vraie du Soleil, et l'obliquité apparente de l'écliptique, on aura la tangente de son ascension droite vraie = tang. long. × cos. obliq. app.

EXEMPLE

On demande l'équation du tems le 13 Novembre 1805 à 15^h 51' 49" 8 tems moyen de Paris.

La longit. vraie du Soleil pour cet instant est=7^s 20° 52' 2"7, comme on le trouvera dans le type d'un calcul figuré d'un lieu du Soleil; l'obliquité apparente de l'écliptiq.=23° 27' 55"6, Nous aurons l'asc. dr. vraie du Soleil.

Log. tang. long. vr.⊙=0,0895769
Log. cos. obl. appar. =9,9625116
Log. tang. asc. dr. v. ⊙=0,0520885=7^s 18° 25' 40"0
Asc. droite moyenne=long. moy. ⊙=7 22 18 1,5
$$- \quad 3° 52' 21"5$$

en tems=— 15' 29" 423 éq. du t.

M. *Delambre* trouve par ses tables...— 15 29,2

On pourra calculer l'équation du tems sans avoir besoin de passer par l'ascension droite vraie du Soleil, au moyen de seules longitudes *vraies* et *moyennes* du Soleil; elle sera égale à la différence de ces longitudes en tems ± une quantité, qu'on trouvera par la formule suivante, la quelle, pour plus de comodité, nous exprimerons en logarithmes.

— log. 2,7731938 + log. sin. 2 log. vr. ⊙ ⎫ Les sign. suivent la
+ log. 1,1070403 + log. sin. 4 log. vr. ⊙ ⎬ règle des lignes tri-
— log. 9,5658478 + log. sin. 4 log. vr. ⊙ ⎭ gonométriq. et de la
multipl. algébrique.

Comme cette formule est calculée sur une obliquité *perma-nente* de 23° 28′ 0″, elle doit nécessairement changer, si l'obliquité apparente change ; on calculera cette variation qu'elle produit dans l'équation du tems par la formule qui suit, et qui suppose que l'obliquité change de 10″. Le premier terme suffira dans tous les cas.

+ log. 9, 1597376 + log. sin. 2 long. vr. ⊙

+ log. 7, 7947203 + log. sin. 4 long. vr. ⊙

+ log. 6, 4292137 + log. sin. 6 long. vr. ⊙

Appliquons ces formules à notre exemple.

Nous avons la long. vr. du Sol. = 7ˢ 20° 52′ 2″7
   long. moyenne Sol. = 7 22 18 1,5
     Différence... — 1° 25′ 58″8 en tems = — 5′ 43″919
2 long. vr. Sol. = 78° 15′ 54″ sin. +
4 long. — = 23 28 12 sin. —
6 long. — = 54 47 42 sin. —
    log. 2,7731938 —
  log. sin. 2 long. 9,9908264 +
    log. 2,7640202 — = — 580″80 ⎫
    log. 1,1070403 +
  log. sin. 4 long. 9,6001763 —
    log. 0,7072166 — = — 5,09 ⎬ — 9 45, 59
             — 15′29″ 509
    log. 9,5658478 —   0, 062 corr. (*)
  log. sin. 6 long. 9,9122724 —   — 15′29″447 éq. d. tems
    log. 9,4781202 + = + 0, 30 ⎭ nous l'av. trouvé plus
       — 585″59   haut d'une autr. manié-
              re — 15′ 29″ 432

(*) Correction à cause de l'obliq. actuelle.
Obliq. supposée 23° 28′ 0″
— actuelle ... 23 27, 55,5 ⎹ log. 9, 1597376 +
     4″4 ⎹ l. sin. 2 long. Sol. 9,9908264 +
        log. 9,1505640 = 0″ 1413
     10″: 0″1413 :: 4″4 : x = 0″,062

TABLES.

POUR CORRIGER LE MIDI OU MINUIT TROUVÉ PAR DES
HAUTEURS CORRESPONDANTES DU SOLEIL.

1) On cherchera dans la premiere table avec l'arg. du demi-intervalle les angles auxiliaires α et β.

2) Avec l'arg. long $\odot$, on prendra dans la seconde table
les quantités, a et b.

3) Ajoutez le log. tang. α, au log. tang. de la latitude du
lieu de l'observation et au log. a, et vous aurez le log. de la
premiere partie de la correction.

4) Ajoutez le log. tang. β au log. b, et vous aurez la seconde partie de cette correction.

5) Ajoutez ensemble ces deux parties, (faisant bien attention aux signes algébriques) et vous aurez la correction totale, que vous appliquerez suivant son signe au midi, ou à
minuit conclû par les hauteurs.

EXEMPLE I.

Supposons des hauteurs correspondantes observées à Paris, et que le demi-intervalle entre les hauteurs du matin et
du soir ait été de 3^h $16'$; la longitude vraie du Soleil, qui
avait lieu au milieu de cet intervalle $= 7^s$ $20°, 9$.

On trouvera par la prem. table l'angle auxiliaire $\alpha = 48°18'$
et $\beta = -9°15'$. La seconde table donnera pour $a = +10''$, 26
pour $b = -14''$, 90. La latitude de Paris est $58°50'13''$.
Nous aurons par consèquent

log. tang. $\alpha = 48°$ $18' = 0, 0501381 +$
log. tang. lat. $= 48$ $50 = 0, 0586265 +$
log. $a = +10'', 26 = 1, 0111474 +$
$\qquad$ log. $= \overline{1,1199120} = +13'', 18$ I partie

log. tang. $\beta = -9° \ 15' = 9, 2118153 -$

log. $b = -14'', 90 = 1, 1731863 -$

log. $= 0, 3850016 - + \ 2'', 42$ II partie

Donc corr. totale $+ 13'', 18 + 2'' \ 42 = + 15'', 60$

M. *Delambre* qui a calculé cette même correction de deux manieres, selon ses tables particulieres pour Paris, et selon des tables générales, trouve par les premieres $+ 15'', 62$ et par les dernieres $+ 15'', 596$.

Le calcul de cette correction pour minuit est le même que pour midi, à l'exception que le signe de la premiere partie *a* de cette correction change, à moins que la latitude ne fut australe, le signe de la seconde partie *b* reste invariable, l'argument serait la longitude du Soleil à minuit.

EXEMPLE II.

Supposons, qu'on ait pris à Pise des hauteurs du Soleil le soir, qu'on a rendûes correspondantes le lendemain matin, et des quelles on veut conclûre minuit vrai; le demi-intervalle étant de $9^h \ 0'$, et la long. du $\odot$ à minuit $= 5^s \ 10°$, on aura:

$a = 73° \ 7'$; $\beta = + 27° \ 27'$; $a = -14'', 15$; $b = + 8'', 72$

la latitude de Pise $= 43° \ 43' \ 11''$, et delà

log. tang. $a = 0, 5178334 +$

log. tang. lat. $= 9, 9805806 +$

log. $a \qquad = 1, 1507564 -$

log. $= 1, 6491704 = -44'', 58$ I partie

log. tang. $\beta = 9, 7155508 +$

log. $b \qquad = 0, 9405165 +$

log. $= 0, 6560673 = + \ 4, 53$ II partie

$-40'', 05$ correct. tot.

Les tables de M. *Delambre* donnent $-40'', 03$ pour cette correction.

TABLES DE RÉFRACTION.

Nous donnons ici des expressions pour la réfraction *moyenne* d'après la nouvelle théorie de M. *la Place*, exposée dans sa *Mécanique céleste*, *Tom. IV Liv. X Chap. I page* 264, et suivant les *constantes* tirées des observations déterminées par M. *Delambre* et M. *Carlini* (1). Au lieu de donner les tables mêmes trop amples pour trouver place ici, nous donnons des formules d'après les quelles on calculera facilement la réfraction moyennant un angle auxiliaire φ, que nous avons introduit. Depuis 0° jusqu'à 50° de distance au Zenith on n'a pas besoin de cet angle, il est égal à zero; au delà, on le trouvera dans la table I. Soit Z la distance apparente de l'astre au Zenith, on aura toujours le logarithme de la réfraction moyenne exprimée en secondes:

Suivant M. *Delambre* . . Log. 1,7649230 + Log.tang. $(Z-\varphi)$
Suivant M. *Carlini* . . . Log. 1,7626786 + Log.tang. $(Z-\varphi)$

La table II fournit le logarithme du facteur pour les hauteurs du baromètre exprimées en pouces et lignes de Paris, et la table III les nombres à multiplier par les degrès du thermomètre de Réaumur, qu'on applique ensuite selon le signe, au logarithme constant du facteur thermométrique. Les logarithmes de ces deux tables, ajoutés au logarithme de la réfraction moyenne, donnent le logarithme de la réfraction vraie, sans que le calculateur ait l'embarras de faire attention aux signes.

La table IV renferme la seconde partie de la correction thermométrique à multiplier par les degrès du thermométre au delà de 10°, et depuis 80 degrès de distance au Zenith,

---

(1) Efemeridi astron. di Milano, per l'anno 1808, page 45.

jusqu'à l'horizon ; plus près du Zenith cette correction de-
vient insensible ; elle s'applique à la réfraction vraie calculée.
Il faut cependant avouer que les réfractions aussi près de
l'horizon sont très incertaines, et que les anomalies qu'on
y rencontre, tiennent à des causes que nous ignorons encore, et que nous ne savons pas soumettre au calcul.

La table V contient une autre correction de la réfraction
au sud donnée par nos tables et formules, pour avoir celle
au nord, et que quelques observations ont parû indiquer
à M. *Carlini*, du moins dans nos climats ; mais c'est un
point qui reste à verifier. On ajoute cette correction à la réfraction vraie calculée, pour l'appliquer ensuite aux distan-
ces apparentes au Zenith observées au nord.

L'usage de nos tables et formules est si simple, que quelques exemples suffiront pour les expliquer ; nous allons pour
cela choisir les mêmes exemples dont M. *Delambre* et M.
Carlini se sont servis pour l'explication de leurs tables de
réfraction.

En 1798 M. *Méchain* fit à Carcassone deux observations de
réfraction avec un cercle-répétiteur au moyen de l'étoile μ
de la grande ourse ; il trouva sa distance apparente au Zenith
au dessous du pôle le 18 Janvier $= 86°$ 15' 48",54, le baromètre étant à 27 pouces et $4\frac{1}{2}$ lignes ; le thermomètre à $+7°$.
Le 21 Janvier il trouva la distance au Zenith de la même é-
toile$=86°$ 15' 20", 27, le baromètre à 28P 5l, 3 ; thermomètre $+6°$, 15 : on demande les réfractions *vraies* pour ces
deux observations, selon les tables de M. *Delambre*.

EXEMPLE I.

Dist. app. au Zenith. observée $= 86° 15' 48''$

Ang. auxil. ϕ de la Table I $= - 43\ 46$

$(Z - \phi) = 85\ 32\ 2$ Log. tang. $= 1,\ 1075.\ 122$

Log. const. $= 1,\ 7649.\ 230$

Log. du facteur barométrique par Tab. II. $\begin{cases} 27 \text{ pouces} = 9,\ 9830. \\ 4\ 1/2 \text{ lig.} = \dots 6c. \end{cases}$

Log. fact. th. $= + 7° \times -21 = -147 + 0,0168$ par tab. III $= 0,\ 0021.$

Log. de la réfraction *vraie* . . . . . $2,\ 8633.\ 352 = 730'',02$

Réfract. vraie $= 12'\ 10'',02$

Nous avons trouvé par les tables de *Delambre* $= 12\ 10,\ 05$

L'observation de M. *Méchain* a donné $= 12\ 6,\ 43$

EXEMPLE II.

Dist. app. au Zenith observée $= 86°\ 15'\ 20''$

Ang. auxil. ϕ de la table I $= - 43\ 42$

$(Z - \phi) = 85.\ 31.\ 38.$ Log. tang. $= 1.\ 1066.\ 618$

Log. const. $= 1.\ 7649.\ 230$

log. du fact. baromèt. tab. II. . . . . $\begin{cases} 28 \text{ p.} = 9.\ 9988. \\ 3, 3\ 1. = \dots 43. \end{cases}$

log. fact. therm. $= + 6°,15 \times -21 = -129 + 0,0168.$ tab. III $= 0.\ 0039.$

Log. de la réfraction vraie. . . . . $2.\ 8783.648 = 756''.\ 11$

Réfract. vraie $= 12'\ 36'',11$

Les tables de M. *Delambre* nous ont donné $= 12\ 36,\ 09$

M. *Méchain* l'a observée $= 12\ 35,\ 01$

M. *Delambre* dans ses nouvelles tables solaires donne ces mêmes exemples; on y trouvera, (*feuille r*), des resultats un peu differens de ceux que nous trouvons ici, cela vient en partie de ce que les observations de M. *Méchain* y sont rapportées différemment; nous les avons pris dans la *Connoissance des tems*, année XV page 386, telles que M. *Méchain* les a imprimées lui-même, et comme nous les avions réduites et calculées dans l'introduction à nos tables d'aberration et de nutation (1) vol. I page 174.

(1) Tabulae speciales aberrationis et nutationis, una cum insigniorum CCCCXCIV stellarum zodiacalium catalogo novo, cum aliis tabulis eo spectantibus. Gothae, in libraria Beckeriana 1806 vol. 2.

EXEMPLE III.

On demande la réfraction vraie horizontale selon les tables de M. *Carlini*, le baromètre marquant 28 pouces o, 9
lig. et le thermomètre + o°.

Dist app. au Z = 90° 0′ 0″

Ang. auxil. ϕ = — 1 47 50

$$88\ 12\ 10\quad \log.\ \text{tang.} = 1,5033,784$$
$$\log.\text{const.} = 1,7626,786$$

log. fact. barom. $\begin{cases} 28 \text{ pouces.} & 0,0000 \\ 0,\ 9 \text{ lig.} & 13 \end{cases}$

log.fact.ther. 0° × —21 = 0+0,0209. . . 0,0209

$$\text{Log. réfract. vraie} \ldots \ldots 0,2882,\ 570 = 1942'',0$$
$$\text{par Tab. IV.}\ 10° × 12'',49 = —124,9$$
$$1817,\ 1 = 30'17'',1$$

M. *Carlini* trouve par ses tables exactement la même chose.

Nous avons supposé dans nos tables et formules de réfraction le baromètre divisé en pouces et douziemes de pouce
du pied de Paris, et le thermométre de *Réaumur* comme
le plus usité; cependant les observations faites et publiées en
Angleterre supposent le baromètre divisé en pouces, et dixiemes de pouce du pied de Londres, et le thermomètre de
Fahrenheit. En France on se sert actuellement de préféren-
ce du barométre métrique et du thermométre centigrade, ce
qui oblige les calculateurs sans cesse à des réductions minu-
tieuses, ou à un grand nombre de tables. Nous avons donc,
crû rendre service aux astronomes, ainsi qu'aux physiciens
minèralogistes, géologues etc. qui voyagent avec des baromètres portatifs pour mesurer la hauteur des montagnes, en
leur donnant des formules et régles concises et claires, qui
leur faciliteront sans le secours d'aucune table, la réduction
de toutes ces mesures et échelles. Soit *A* le pouce anglais, *a*,
les dixiemes ou fractions décimales de pouce, *F* le pouce français, *f* les lignes ou douziemes de pouce. *M* le mètre. Nous
aurons:

1) Formule pour convertir les mesures du baromètre anglais, en mesures françaises.

$$F = A - 2^P \; 10^l, 95 + (31 - A) \; 0, 74,$$
$$f = a \times 11, 26$$

$F + f$ sera la réduction entiere.

. P. Ex. Combien font 30^P, 27 pouces anglais, en pouces et lignes de France?

On aura $A = 30$; $a = 0,27$ Donc: $30 - 1^{P} 10^l, 95 = 28^P 1^l, 05$ $\left. \begin{array}{c} \\ \\ \end{array} \right\} = F$
$(31 - 30) \; 0, 74. \; . \; . \; = + \; 0, 74$
$0, 27 \times 11, 26. \; . \; . \; . \; = + \; 3, 04 \; = f$

$$\overline{28 \quad 4, 83} = F + f$$

Ainsi, 30, 27 pouces anglais, font 28 pouces 4, 83 lignes, du pied de Paris.

2) Formule pour convertir les mesures du baromètre français, en mesures anglaises.

$$A = F + 1^P, 907 - (29 - F) \; 0, 066$$
$$a = f \times 0, 089$$

$A + a =$ réduction entiere.

P. Ex. Combien font 27^P 9^l, 88 du baromètre français en mesure anglaise?

$F = 27$; $f = 9, 88$ Donc: $27 + 1, 907 = 28, 907$
$- (29 - 27) \; 0, 066. \; . \; . \; . \; . \; = -0, 132$

$$\overline{28, 775} = A$$

$9,88 \times 0,089. \; . \; . \; = \; 0, 879 = a$

$$\overline{29, 654} = A + a$$

Donc: 27^P 9^l,88 du pied de Paris, font 29^P, 654 pouces du pied de Londres.

3) Formule pour convertir les pouces et lignes françaises, en mesures métriques.

$$0,7038 + (F-26)\, 271 = m$$
$$f \times 0,002255 = n$$
$$m + n = M, \text{réduction entière.}$$

P. Ex. Combien font 27$^\text{P}$ 4$^\text{l}$, 5 du barom. franç. en baromètre métrique?

$$F = 27; f = 4,5; (27-26)\, 271 \begin{matrix} = 0, 7038 \\ = + \quad 271 \end{matrix} \Big) = m$$
$$4,5 \times 0,002255 = + \quad 101 = n$$
$$\overline{0, 7410 = m+n = M}$$

par conséquent, 27$^\text{P}$4$^\text{l}_\frac{1}{2}$ mesure de Paris, font 0$^\text{M}$, 7410 mètres.

4) Formule pour convertir les pouces et ses fractions décimales anglaises, en mesure métrique.

$$0, 6857 + (A,a - 27)\, 253 = M$$

P. Ex. combien font 30, 45 pouces anglais en mètre?

$A, a = 30, 45$ par conséq. on aura . . 0, 6857
$(30, 45 - 27)$ . . $= 3, 45 \times 253 = \quad 873$
$$\overline{0, 7730 = M}$$

30, 45 pouces anglais font 0$^\text{M}$, 7730 mètre.

5) Formule pour convertir le baromètre métrique en baromètre français.

1) Du nombre donné du baromètre métrique retranchez 0, 7038

2) Divisez le reste (sans vous embarasser des décimales) par 271, le quotient donnera les pouces, que vous ajouterez à 26 pouces.

3) Au second reste ajoutez deux zero, et divisez le par 2255, le quotient donnera les lignes, et si vous continuez la division, les dixiemes de ligne.

P. Ex. combien font o,^{M} 7817 du baromètre métrique, en mesure du baromètre français ?

$$\begin{cases} \text{o}^M\, 7817 \\ -\text{o},\ 7038 \end{cases}$$

$$271\ |779|\ 2^P + 26^P = 28^P$$
$$|542|$$

$$2255 \begin{cases} 237\dot{o}o \\ 2255 \end{cases} \dots\dots\dots\ 10,\ 5$$
$$\begin{cases} 1150,o \\ 1127,5 \end{cases} \quad 28^P\ 10,|\ 5$$

Donc o,^{M} 7817 métre, font 28 pouces 10 ⅓ lignes du pied de Paris.

6) Formule pour convertir le baromètre métrique, en baromètre anglais.

1) Du nombre donné du baromètre métrique, retranchez o, 6857.

2) Divisez le reste par 253, ou pour plus d'éxactitude par 2536 en ajoutant un zero au reste, et vous aurez les pouces et les décimales de pouce que vous ajouterez à 27 pouces.

P. Ex. Combien font o,^{M} 7770 mètres en pouces anglais ?

$$\begin{cases} \text{o}^M\, 7770 \\ -\text{o},\ 6857 \end{cases}$$

$$2536\ |9130|\ 3^P\ 6 + 27^P = 3o^P\ 6o$$
$$|7608|$$

$$\begin{cases} 15220 \\ 15216 \end{cases}$$

Ainsi; o^M 7770 métre, font 2o^P 6 pouces de Londres.

Voici maintenant les formules générales pour convertir les degrés de différentes échelles thermométriques.

Soit, le degré du thermomètre de Réaumur $= R$

de Fahrenheit $= F$

Centigrade $= C$

On aura dans tous les cas:

Pour convertir les degrés,

1) De Réaumur en degrés de Fahrenheit .. $\frac{4}{9} R + 32 = F$

2) De Fahrenheit en degrés de Réaumur .. $\left(\frac{F-32}{9}\right) 4 = R$

3) De Réaumur en degrés centigrades .... $R + \frac{1}{4} R = C$

4) Centigrades en degrés de Réaumur .... $C - \frac{1}{5} C = R$

5) De Fahrenheit en degrés centigrades ... $\frac{F-32}{9} = \phi$

$4\,\phi + \phi = C$

6) Centigrades en degrés de Fahrenheit.... $\frac{9}{5} C + 32 = F$

Quelques exemples suffiront à montrer l'usage de ces formules.

I Exemple. Combien font $+12°$ de Fahrenheit en degrés de Réaumur?

La formule préscrit.

$$\left(\frac{+12°-32°}{9}\right) 4 = -\frac{20°}{9} \times 4 = -\frac{80}{9} = -8°, 838 \text{ Réaum.}$$

II Exemple. Combien font $+47°$ Réaumur en degrés centigrades?

$$+47° + \frac{47°}{4} = 47° + 11°, 75 = 58°, 75 \text{ centigrades}$$

III. Exemple. Combien font $+67°$ Fahrenheit en degrés centigrades?

$$+\frac{67°-32°}{9} = +3°, 888 = \phi$$
$$15, 552 = 4\phi$$
$$+\overline{19, 440} = \phi + 4\phi \text{ degrés centigrades}$$

IV Exemple. Combien font — 19°, 44 centigrades en degrés de Fahrenheit et Réaumur?

$$\frac{9}{5}\left(-19°,44\right) = -34°,99$$
$$+\ 32$$
$$-\ 2°,99\ \text{Fahrenheit}$$

$$-\ 19°,44$$
$$\frac{-19°,44}{5} = +3°,883$$
$$-\ 15°,552\ \text{Réaumur}$$

et ainsi du reste, faisant toujours grande attention aux régles des signes algébriques.

PARALLAXE DE HAUTEUR DU SOLEIL.

La parallaxe de hauteur se déduit de la parallaxe horizontale, et pour la trouver on ajoute le logarithme de la parallaxe horizontale au log. cosinus de la hauteur, ou bien, au log. sinus de la distance au Zenith : la somme de ces deux logarithmes est le logarithme de la parallaxe de hauteur demandée. Comme la parallaxe horizontale du Soleil varie en différens tems de l'année, suivant sa distance à la terre, nous la donnons ici dans une petite table pour le premier jour de chaque mois, en supposant la parallaxe horizontale du Soleil dans sa distance moyenne = 8″, 8. L'effet de la parallaxe se fait en sens contraire à celui de la réfraction, c'est-à-dire ; on l'ajoute à la hauteur apparente, où bien, on la rétranche de la distance apparente au Zenith.

Parallaxe horizontale.	
1 Janvier.	8″,95
1 Fevr. 1 Decb.	3,93
1 Mars 1 Novb.	8,87
1 Avril 1 Octob.	8,80
1 Mai 1 Septb.	8,73
1 Juin 1 Août.	8,67
1 Juillet	8,65

EXEMPLE.

On demande la parallaxe du Soleil le 15 Avril à 66 degrés de hauteur, ou à 24 degrés de distance au Zenith.

log. parall. horiz. 8″, 76 = 0,9425041
log. cos. 66° hauteur
ou log. sin 24°Di.Zen. } 9,6093133
log. 0,5518:74 = 3″,56 par. de hauteur.

La réduction des degrés en tems, et du tems en degrés, à raison de 24 heures pour 360 degrés, revient sans cesse dans la pratique de l'Astronomie; on a pour cela des tables qu'on trouve presque dans tous les ephèmerides astronomiques, mais on peut fort bien se passer du secours de ces tables, et faire ces réductions très promptement avec une règle très simple, par exemple.

1) Pour réduire les degrés et ses parties en tems, on n'a qu'à multiplier les degrés, minutes, et secondes par 4, et on aura le tout en tems, en prenant les degrés pour des minutes, les minutes pour des secondes, les secondes pour des tierces. Des tierces on en fait, si l'on veut, des décimales de secondes en les divisant par 60.

Par Ex. page 40 nous avions à réduire en tems $3° 52' 21'' 5$

$$\text{multipliant par} \dots\dots\dots 4$$
$$15' 29'' 26''' 0$$

ou $15' 29'',433$ en t.

2) Pour réduire le tems en degrés, multipliez les heures, les minutes, les secondes, par 10; ajoutez y encore la moitié de ce produit, et vous aurez les degrés min. et sec. de l'arc. P. Ex. pag. 39 nous avons trouvé l'ascension droite de Venus en tems $= 19^h 5' 31'' 796$, qu'il fallait convertir en degrés; on aura donc:

$$190° 50' 317'' 96$$
$$\text{la moitié} \dots 95 \quad 25 \quad 158,98$$
$$285 \quad 75 \quad 476,94 = 286° 22' 56'' 94$$

La division décimale du cercle de 360 degrés sexagésimaux en 400 grades décimaux, oblige quelquefois à des réductions, surtout depuis que plusieurs auteurs français employent cette division dans leurs ouvrages, et que les *cercles répétiteurs*, dont on se sert en France, sont divisés en 400 parties.

Le grade est $= \frac{360}{400}$ degré $= 0°, 9 = 0° 54'$

Le degré est $= \frac{400}{360}$ grades $= 1°, 11111....$

On a des tables pour faire ces doubles conversions, mais le calcul direct est aussi court. Proposons par exemple de convertir . . . . 73ᵍ, 1648380 grad. en degr.

Nous avons 73ᵍ, 1648380
On retranche le dixième 7, 3164838
le reste est en degrés et décimales 65°, 8483542
multipliant la fraction par 60 . . 65°, 50' 901252
multipl. encore la fraction par 60. 65°, 50' 54" 07512

Veut on le problème inverse, et convertir les degrés en grades, p. Ex. 65° 50' 54" 07512? On commencera par diviser les secondes par 60, et on aura . . . . . 65° 50, 901252 on divise les minutes par 60 et on trouvera. 65, 8483542 on ajoute la neuvieme 7, 3164838
on aura en grades . . . 73ᵍ, 1648380

On aurait pû se contenter de multiplier la neuvième par 10, mais l'addition servira de preuve.

TYPE FIGURÉ D'UN CALCUL COMPLÊT DU LIEU DU SOLEIL.

Nous allons choisir l'exemple que M. *Delambre* avait calculé lui-même dans ses nouvelles tables solaires, publiées par le bureau des longit. de France, afin de faire voir le parfait accord qui règne entre toutes ces tables. On y propose de calculer le lieu vrai du Soleil, sa distance à la terre, son diamètre, ses mouvemens horaires etc. . . . pour le 13 Novembre 1805 à 15ʰ 51' 49", 8 de tems moyen civil au méridien de Paris.

Les astronomes et les marins ont toujours été dans l'usage de compter leur tems *astrononiquement*, c'est-à-dire, en commençant le jour à midi. Le bureau des longitudes en France au contraire a pris dernierement l'arrêté de se conformer à l'usage du public, et de n'employer à l'avenir que le *tems civil* dans tous les ouvrages qu'il pourra publier, en commençant le jour à minuit. Mais comme nos tables sont disposées pour le tems astronomique, il faudra donc calculer ce lieu proposé du Soleil pour le 13 Novb. à 3^h 51' 49", 8 t. m. ou suivant l'arrangement particulier de nos tables pour le 317 jour de l'an, à 3^h,86383. L'année donnée divisée par 4, donne 0 pour quotient et 2 en reste : la disposition du calcul sera par conséquent :

	Long. moy. du ☉	An. moy. du ☉
Époque 1803, Table II . . .	9^s 9° 11' 0",54	5^s 29° 38' 53"
Reste 2, dans la Table IV	30 29, 13	28 25
13 Novb. = 317 jours (1).	10 12 27 0, 60	10 12 26 7
3^h,86383 tems moyen (2)	9 31, 25	9 31
Longit. moyenne du Sol. .	7 22 18 1, 52	4 12 42 56
Équation du centre } (3) . — 1 26 2, 2		
Sa variation séculaire { . . . . . . — 0, 5		
Équations de perturbation (4). . . + 3, 9		
Longitude vraie du Sol. .	7 20 52 2, 7	
M. *Delambre* trouve. . .	7 20 52 2, 3	
	Différence 0",4	

FORMATION DES ARGUMENS.

	II	III	IV	V	VI	VII	VIII	IX	X	XI	☊
1803	234	001	035	794	727	205	480	728	453	314	096
Tab. IV	754	252	938	833	502	126	169	754	752	664	107
300	159	514	383	752	206	52	69	720	898	683	44
17	576	29	20	43	12	3	4	41	995	39	2
3^h, 864	4	0	0	0	0	0	0	2	0	2	0
Somme	727	796	376	422	447	386	722	244	98	602	222

(1)   POUR LA LONG.   POUR L'ANOM.

Log. 317° = 2, 5010593   log. 317° = 2, 5010593
Log. const. = 1, 7132385   log. const. = 1, 7146627

     log. = 4, 2142978 = 16379",4   log. = 4, 2157220 = 16433",2

       317°   317°
     − 4 32' 59",4   − 4 33' 53",2

M.m.en long. 312° 27' 0",6   en Anom. 312° 26' 6",8

(2)   Log. 3, 86383 = 0, 5870180
       log. constant = 2, 1698091

           log. = 2, 7568271 = 571",25
           Mouv. moy. en long. et en Anom. = 9' 31",25.

(3) Voyez dans l'explication des tables page 27, où nous avons déjà donné tout le type du calcul de cette équation du centre avec sa variation séculaire.

(4)

Équations de perturbation. Tab. VIII.	
Pour la long. du Sol.	pour log. dist.
Arg. II. . . 0",18 . .	. . . - . .136
Arg. III. . . . 8, 25 . .	 20
Arg. IV. . . 5, 08 . .	 24
Arg. V. . . 3, 24 . .	 24
Arg. VI. . . . 0, 24 . .	 16
Arg. VII. . . . 2, 26 . .	. . . .
Arg VIII. . . . 4, 99 . .	. . . .
Arg. IX. . . . 2, 04 . .	 33
Arg. X. . . . 0, 91 . .	. . . .
Arg. XI. . . . 0, 99 . .	. . . .
Arg. ☊ . . . 35, 50 . .	. . . .
Somme + 63, 68	Arg. 107. . . 6
Constante − 59, 78	Arg. 126. . . 3
Éq. de perturb. + 3",90	+ 262 Somme
	− 445 Constante
	− 183 Perturb. pour le log. dist.

CALCUL DU LOG. DE LA DISTANCE VRAIE

DU SOLEIL A LA TERRE.

Par table IX angle auxiliaire 13° 29′ 5″ Log. Cosin. $=$ 9, 9878593

Log. constant $=$ 0, 0072323

log. $=$ 9, 9950916

Pertuibat. . . . (4) . . . — 183

Var. sécul. . . . . . . + 7, 74

Log. de la dist. vraie . . . 9, 9950741

M. *Delambre* trouve 9, 9950795

Mes tables solaires 2ᵉ Édit. donnent· 9, 9950742

La différence avec M. *Delambre* vient d'une faute d'impression dans ses tables. Voyez là-dessus ma *Correspondance astronomique et géographique*, *Vol.* *XVIII* page 197.

Les calculs de la latitude du Soleil, de son diamètre, de ses mouvemens horaires en longitude, en ascension droite, en déclinaison etc. . . . ont été donnés dans l'explication des tables, pages 31—34.

Ayant trouvé par les tables la longitude vraie du Soleil, et l'obliquité apparente de l'écliptique, on aura son ascension droite vraie.

Tang. asc vr. Sol. $=$ tang. long. vr. Sol. $\times$ Cos. obl. app. de l'éclipt.

Log. tang. long. vr. Sol $=$ 50° 52′ 2″,7 $=$ 0, 0895769

Log. cos. obl. appar. $=$ 23 27 55, 6 $=$ 9, 9625115

Log. tang. asc. droite du Sol. $=$ 0, 0520884 $=$ 48° 25′ 40″,0

Asc. dr. du Sol. $=$ 7ˢ 18° 25′ 40″,0

Corr. à cause de la lat. Sol. pag. 33 $=$ — 0, 12

Asc. droite vraie du Sol. $=$ 7 18 25 39, 88

La déclinaison du Soleil on la trouvera par la formule:

Sin. déclin Sol. $=$ sin long. vr. Sol. $\times$ sin. obl. app. de l'éclipt.

Log. sin. long. vr. Sol. $=$ 50°52′ 2″,7 $=$ 9, 8896868

Log. sin. obl. app. $=$ 23 27 55,6 $=$ 9, 6000968

Log. sin décl. Sol. $=$ 9, 4897836 $=$ 17° 59′ 29″,3 décl. austr.

Correction à cause de la latit. du Sol. pag. 33 . — 0, 44

Décl. vraie aust. du Sol. $=$ 17 59 29, 74

TABLE

DE QUELQUES FORMULES ET VALEURS NUMÉRIQUES, DONT ON FAIT LE PLUS D'USAGE EN ASTRONOMIE, EN GÉODESIE, ET EN NAVIGATION.

Log. de 360 degrés, ou 1296000″ 6,1126050

Log. de 24 heures ou 86400″ 4,9365137

Log. de l'arc égal au rayon $= 57°17'44'',8 =$
$206264''8 = \frac{1}{\sin 1''}$ 5,3144251

Log. de ce même arc en minutes $=$
$3437',7466 = \frac{1}{\sin 1'}$ 3,5362739

Log. du même en degrés $= 57°, 295766 = \frac{180}{\pi}$ 1,7581226

Log.de la circonfér. du cercle$=3,1415926535 = \pi$ 0,4971499

Log. de la surface du cercle le diam. $= 1$ (a). 9,8950899

Log. de l'aire de la surface d'une sphère (b). . . 1,0992099

Log. de la solidité d'une sphère (c) 9,7189988

Log. de l'année tropique 365^{jours} 5^h 48′ 54″. . . 2,5625809

Log. de l'année sidèrale 365 6 9 15 . . . 2,5625977

Ray. de l'équateur terrestre.$=3271558$ toises log. 6,5147547

Rayon de la terre au pôle. $=3261005$ toises log. 6,5133515

Aplatissement $\frac{1}{810} = 10553$ toises . . . . . log. 4,0233759

Quarré de l'excèntricité $= 0,006441206$ log. 7,8089672

Ray. moyen à la lat. de 45° $=3266302$ toises log. 6,5140564

(a) On l'ajoute avec le double du log. d'un diamètre donné pour avoir la surface du cercle, et avec les log. des deux axes, pour avoir la surface de l'éllipse.

(b) On l'ajoute avec le double du logarithme d'un rayon donné, pour avoir la surface.

(c) On l'ajoute avec le triple du logarithme d'un diamètre donné, pour avoir la solidité.

Ray.de la courbure à l'équateur $= 3250486^t$ log. 6,5119483
Rayon de la courbure au pôle $= 3282146$ log. 6,5161579
Degrés mesurés à la latitude.
. . . à l'équateur. 0° 0′ 0″   56731ᵗ,7 log. 4,7538257
. . . en France. . . 46 11 58 $=$ 57018,4 log. 4,7560153
. . . en France. . . 45 0 0 $=$ 57007,7 log. 4,7559336
. . . en Suède. . . 66 20 12 $=$ 57192,7 log. 4,7573368
Degré de l'équateur . . . . . .   57099,5 log. 4,7566322
Degré sur une sphère dont le rayon est égal
  au demi petit axe . . . . . . 56915ᵗ,3$=$g log. 4,7552289
$\frac{3600}{g} =$ log. const. pour. réduire les toises en arc. 8,8010736
Mille géographique , dont 15 au degré en
  toises . . . . 3806ᵗ,631 log. 3,5805407
Lieue de France dont 25 au degré. 2283,980 log. 3,3586923
Lieue marine dont 20 au degré . 2854,974 log. 3,4556021
Lieue marine anglaise et mille d'Italie dont
  60 au degré. . . . . 951ᵗ,658 log. 2,9784810
Mille anglais, 69 au degré . . . . 827,530 log. 2,9177831
Mille d'Autriche,14,6694 au deg. 3892,414 log. 3,5902190
Mille de Bohème, 16,12 au degré . 3542,153 log. 3,5492672
Mille romain ancien, 75 au degré . 761,326 log. 2,8815709
Mille du roy.d'Ital.111,29au degré. 513,074 log. 2,7101800
Mille de Naples, 50 au degré . . 1141,999 log. 3,0576622
Mille de Suéde, de 10,5 au degré. 5438,040 log. 3,7354430
Mille de Hongrie, de 13 au degré. 4392,270 log. 3,6426888
Mille de Castille, de 26 ⅔ au degré. 2141,231 log. 3,3306635
Lieue commune , d' Espagne , de 17 ¼
  au degré . . . . 3194,385 log. 3,5043861
Verst de Russie, de 105 au degré. 543,805 log. 2,7354429

Rayon de la terre $= r$ en toises à la latitude λ, dans l'aplatissement $\frac{1}{310}$.

$$r = 3271558^t - 10468^t,52 \sin.^2\lambda - 84^t,83382 \sin.^4\lambda$$

autrement :

$$\log. r = 6,5144066 + 0,0007002 \cos. 2\lambda - 0,0000019 \cos. 4\lambda$$

Rayon osculateur du méridien.

$$\frac{3250487^t}{\sqrt{(1 - 006441206 \sin^2\lambda)^3}}$$

Rayon de la courbure de l'arc perpendiculaire au méridien.

$$\frac{3271558^t}{\sqrt{(1 - 006441206 \sin^2\lambda)}}$$

Rayon du parallèle $= p$

$$\frac{3271558^t \sqrt{(1 - \sin^2\lambda)}}{\sqrt{(1 - 006441206 \sin^2\lambda)}}$$

autrement :

$$0,9967740 \ \text{tang} \ \lambda = \text{tang} \ x$$
$$p = 3271558^t \cos. x$$

Degré de latitude à la latitude λ, dans l'aplatissement $\frac{1}{310}$.

$$\frac{56731^t,7}{\sqrt{(1 - 006441206 \sin^2\lambda)^3}}$$

autrement :

$$57006^t,8 - 277^t,617 \cos. 2\lambda$$

Degré de longitude à la latitude λ, dans l'aplatissement $\frac{1}{310}$.

$$\frac{57099^t,47 \cos. \lambda}{\sqrt{(1 - 0,006441206 \sin^2\lambda)}}$$

autrement :

$$57099^t,47 + 183^t,895 \sin^2\lambda + 0^t,88837 \sin^4\lambda) \cos. \lambda$$

Angle de la vérticale au centre de la terre $= \omega$

tang $\omega = 0,993559$ tang. λ

Angle de la vérticale avec le rayon de la terre.

11' 6''44 sin. 2 λ — 1''0766 sin. 4 λ

Le plus grand angle de la verticale est à 45° 5' 33''2 de latit.

Zône, en milles quarrés géographiques entre l'équateur et le parallèle de latitude λ, dans la sphère terrestre.

$$9252123 \ \sin \tfrac{1}{2} \lambda \cos. \tfrac{1}{2} \lambda$$

Zône dans un Sphèroïde aplati $\frac{1}{310}$

$4611067^q 2 \sin.\lambda + 19800^q 55 \sin.{}^3 \lambda + 114^q 785 \sin.{}^5 \lambda + 0^q 70415 \sin.{}^7 \lambda.$

Long. du pendule simple réduit au vide, et battant les second. sous les latit. λ, en pieds de Paris. 3, 049603+0, 0173532 sin$^2 \lambda$

Longueur du pendule simple réduit au vide à 0° de Réaum. et battant les secondes

A Paris . . . . . . 3, 059437 pieds de Paris = 440, 5589 lignes

Sous l'équateur 3, 050070 . . . . = 439, 2100 . . . .

Hauteur de chûte des graves dans la première seconde sous la latitude λ, en pieds de Paris = 15, 04278 + 0, 09701 sin$^2 \lambda$

Vitesse du son par seconde = 1040 pieds de Paris.

Élevation d'un lieu en toises, d'où l'on peut prendre l'angle de dépression D avec l'horizon de la mer.

Log. 6. 2758434 + log. tang.^{2} D, en été

Ajoutez en printems et automne le log. 0,0040306, et en hyver le log. 0,0199684

Mètre à la témperature de 13° de Réaumur.

	Dilatation pour 1 deg. de Réaum.
définitif en lignes de Paris . . . 443^l 296	
provisoire 443, 489	
définitif matériel en platine . . . 443, 357 . . . 0, 004744	
. . . . en fer . . . 443, 379 . . . 0, 006405	
. . . . en laiton . . . 443, 424 . . . 0, 009879	

Dilatation en général pour 1° de Réaumur en parties décimales de l'unité quelconque.

Platine . . . . . 0. 00001070 = log. 5. 0293838
Fer . . . . 0. 00001445 = log. 5. 1598678
Mercure. . . . . 0. 00002229 = log. 5. 3481101
Or . . . . 0. 00002097 = log. 5. 3217020
Laiton . . . . . . 0. 00002655 = log. 5. 4240645
Argent . . . . . 0. 00003678 = log. 5. 5655527
Zinc . . . . 0. 00002063 = log. 5. 3143939

Logarithmes constans, et additifs pour convertir les toises
de France et ses parties, en mètres et ses parties.

Toises de Paris . . . . log. 0, 2898200 = 1ᵐ949037
pieds . . . . log. 9, 5116687 = 0, 3248394
pouces . . . . log. 8, 4324875 = 0, 02706995
lignes. . . . . · . . . log. 7, 3533063 = 0, 00225583

Logarithmes constans et additifs pour convertir les mètres
et ses parties, en toises de France et ses parties.

$$
\text{Mètre} \begin{cases}
= & 0, 513074 \ \text{Toises de Paris log. } 9,7101800 \\
= & 3, 078444 \quad \text{pieds . . . . . . log. } 0,4883313 \\
= & 36, 94133 \quad \text{pouces . . . . . log. } 1,5675125 \\
= & 443, 2959 \quad \text{lignes . . . . . log. } 2,6466937
\end{cases}
$$

Logarithmes constans et additifs pour convertir les pieds
de Paris en pieds de

Londres. . . log. 0. 0276553 ⎫ On ajoute leurs complémens arithméti-
Vienne . . . log. 0. 0118410 ⎬ ques aux log. des pieds réspectifs pour
Rhin . . . . log. 0. 0147747 ⎭ avoir le log. des pieds de Paris.

ANNONCE

DES LIBRAIRES-IMPRIMEURS.

Monsieur le Baron de Zach ayant l'intention de publier un grand Ouvrage astronomique, et ayant été très satisfait de différentes productions de nos presses qu'il a eû occasion de voir, a bien voulû nous proposer l'exécution de son ouvrage. Infiniment flattés de l'honneur de cette confiance et de cette préference, nous lui proposames à notre tour de faire un éssai de ce que nos atteliers pourraient faire dans un genre dans le quel ils ne s'étoient pas encore exercés. L'ouvrage présent est ce coup d'essai, le premier de cette éspece qui soit sorti de nos presses, le quel ayant satisfait et contenté Monsieur le Baron, nous nous empressons d'anoncer au public ce grand ouvrage, dont nous allons incessament entreprendre l'impression.

L'ouvrage dont il s'agit, est un VOYAGE ASTRONOMIQUE ET GÉOGRAPHIQUE, ENTREPRIS PAR L'AUTEUR EN 1807, 1808 ET 1809, EN ALLEMAGNE, EN ITALIE, ET DANS LE MIDI DE LA FRANCE. Il contiendra en premier lieu, une déscription très ample et très detaillée d'un nouveau genre de CERCLE-RÉPÈTITEUR et d'un THÉODOLITE d'une nouvelle construction, executés par M. *Reichenbach* à Munic, instrumens qu'on peut qualifier de *merveilleux*, et avec les quels Monsieur le Baron a recueilli dans ses voyages un grand nombre d'observations utiles et importantes pour le progrès de l'Astronomie, de la Géographie, et de la Navigation.

Ces instrumens par leur exactitude étonnante, par leur legereté dans les transports, et par la modicité de leur prix, qui les met à portée d'un plus grand nombre d'observateurs, font une nouvelle époque dans l'Astronomie moderne. L'avantage de pouvoir multiplier avec ces instrumens les angles, pour arriver à volonté jusqu'à la derniere précision, les rend plus propres aux recherches fondamentales et délicates de l'Astronomie, et même préferables aux instrumens fixes, aux plus grands muraux, aux secteurs de 15 pieds, et aux cercles entiers, qui ne sont pas *répétiteurs*. La déscription des pareils instrumens sera par conséquent non seulement agréable et utile aux astronomes de profession, mais elle le sera aussi aux ingenieurs-géographes chargés des grands travaux géodesiques, qui embrassent l'étendue des grands empires, ou des plus grandes parties du globe; aux ingenieurs-hydrauliques, qui auront des grands nivellemens à exécuter, soit topographiques, soit hydrotécniques; aux amateurs même, qui, vue la modicité des moyens avec les quels ils pourront se procurer placer et transporter ces machines, en augmenteront l'emploi et se ménageront par là une source d'amusement et de jouissance aussi interéssante pour eux, qu'utile au public. Cette déscription contiendra par conséquent non seulement une explication très étendue de l'usage de ces instrumens, mais elle renfermera en même tems un recueil complêt de toutes les nouvelles méthodes d'observations et des calculs, que l'auteur a employé dans le cours de ses opérations. Elle sera également utile aux artistes, qui voudroient construire des instrumens pareils, ou se mettre en état de refaire quelques unes de ses parties, puisque toutes les pièces qui composent ces instrumens, seront claire-

ment exposées en quatre planches, qui accompagneront cet
ouvrage, et qui ont été superieurement executées sous les
yeux de l'auteur même, par un habile graveur de Milan.

Cet ouvrage offrira en outre, des recherches nouvelles sur
plusieurs points les plus délicats de l'Astronomie; sur les solstices, sur les équinoxes, sur l'obliquité de l'écliptique, sur
les déclinaisons des étoiles, sur la précession, sur les réfractions, sur les parallaxes etc. . . . Il contiendra des résultats
très exacts sur la position géographique de plusieures villes
d'Allemagne, de l'Italie, et de la France, telles que de *Bam-*
berg, Nuremberg, Munic, Inspruck, Verone, Padoue, Vé-
nise et ses Isles, *Arqua, Bologne, Rimini, S. Marino, Mi-*
lan, Génes, Savone, S. Remo, Florence, Pise, Livourne,
Porto-Venere, Nice, Marseille et ses Isles, *Aix* etc. . . .
il présentera la détermination géographique de toute la côte
de la Mediterrannée, depuis Marseille jusqu'à Livourne, avec
des positions très detaillées du Golfe *della Spezzia,* des Isles de la Corse, Sardaigne, d'Elbe, Gorgone, Caprara, Pal-
maria etc. . . . .

On y trouvera plusieurs opérations géodesiques executées dans plusieurs villes, et dans leurs environs; la mesure
des bases, des angles, observations et calculs des azimuths,
des longitudes et latitudes, points fondamentaux pour o-
rienter un réseau des triangles, et qui fourniront toutes les
données necessaires à la construction d'un canevas trigono-
métrique et astronomique pour la levée de la carte de ces
pays. On y rémarquera aussi plusieurs hauteurs des montagnes rémarquables au dessus de l'horizon de la mer, me-
surées soit géometriquement, soit géodesiquement, soit par
des baromètres portatifs.

On y verra encore toute la partie astronomique totalement réfaite, de la célèbre mesure du degré, exécutée en 1752 par les P. P. *Boscovich* et *Maire* dans les États du Pape, depuis Rome jusqu'à Rimini, l'observation de l'amplitude de l'arc céleste nouvellement répetée; l'ancienne base perdue de *Boscovich*, retrouvée, constatée et transformée en une nouvelle, dont les deux termes ont été fixés de maniere, qu'ils ne courent plus le danger de se perdre dans l'avenir ec....

Tels sont à peu-près les principaux objets qui composeront cet ouvrage, que l'auteur veut bien confier à nos soins. Pour répondre de notre mieux à une confiance aussi honorable, nous nous proposons de notre coté de n'épargner ni peines, ni dépenses, pour faire honneur à un ouvrage aussi intéressant, en y mettant toute la correction et toute l'élegance typographique dont il sera susceptible. Cependant nous n'avons pû nous dissimuler les difficultés que l'impression d'un pareil ouvrage, jusqu'à présent étranger à nos atteliers, devaient nécessairement entrainer; puisqu'il est connû, qu'en général très peu d'Imprimeries sont montées pour ce genre d'ouvrages, soit pour la grande quantité des chiffres et caractères téchniques qu'ils éxigent; soit pour la justesse des cadres, des éspaces, des filets etc. ... Pour surmonter avec plus de certitude tous ces inconvéniens qui pourraient se présenter dans le cours de l'impréssion, nous avons fait faire une fonte toute nouvelle des chiffres, assez ample pour composer plusieurs feuilles à la fois a fin que, en envoyant les epreuves à l'Auteur, l'impression n'en souffrit aucun rétard au dépens de la correction, merite esséntiel et principal dans ces sortes d'ouvrages, dans les quels l'élegance typographique ne sert pas uniquement d'ornement accessoire, mais porte avec elle son utilité réelle.

Chaque exemplaire de cet ouvrage imprimé sur beau papier en grand *quarto*, de 5o à 6o feuilles d'impression, avec quatre planches en taille-douce, se vendra à 24 francs. On en tirera quelques exemplaires sur papier velin double, qui se vendront 4o francs cartonnés à la Bradel.

On pourra se le procurer en s'addressant à

Florence
Pise et } chez nous,
Venise

Milan, chez Fusi, et Comp.
Paris, chez Firmin Didot,
Marseille, chez P. Mossy,
Vienne et } chez Artaria,
Manheim
Munic, chez C. H. Lindauer,
Francfort, chez Esslinger,
Gotha, chez Rudolphe Zacherie Becker,
Leipzig, chez J. C. Grieshammer,
Eisenberg, chez J. G. Schoene,
et chez tous le principaux libraires de l'Europe.

Florence 1 Janvier 1809.

MOLINI, LANDI, ET COMP.

IMPRIMÉ A PISE AVEC LES CARACTERES
DE FIRMIN DIDOT.

EXTRAIT DU CATALOGUE

CHEZ MOLINI, LANDI et COMP.

IMPR. LIBR. A FLORENCE, PISE, et VENISE.

Dante, T. 3, Petrarca, T. 2. Tasso T. 2. Aminta du même, et Politien T. I. en folio, magnifique édition, avec 3 portraits gravés par Morghen, et 2. gravés par Bettelini... chaq. vol. ... *francs* 50 —
— En. pap. velin, portr. avant la lettr. . . . . 100 —
Ouvrages d'Alfieri, en petit quarto, magnifique édition etc. pour chaque 100 pages. 4. 50
— En pap. velin . . . . 9 —
Manquent seulement les Tragédies et la Vie.

SOUS PRESSE.

Code Napoleon, magnifique édition in folio, en pap. velin, 120 exemplaires numerotés et signés, avec le 100 prem. épreuves avant la lettre du portrait de S. M. gravé par Morghen . . . . . 180 —
— Douze exemplaires parmi le 120 en pap. velin double avec le portrait sans lettres, chaque . . . . 360 —
— Trois exemplaires en superbe pap. bleu, portr. id. . . . . 560 —
— Unique exemplaire en grand pap. velin, avec le dessein du portrait . . . .
(Les 5 derniers exemplaires seront de rebut.)
Le seul Portrait avant la lettre . . . . 50 —
— Avec les lettres . . . . 25 —
Ariosto. T. 5. même édition, et même prix que le Dante, Petrarca ec. avec le portr. gravé par Morghen.

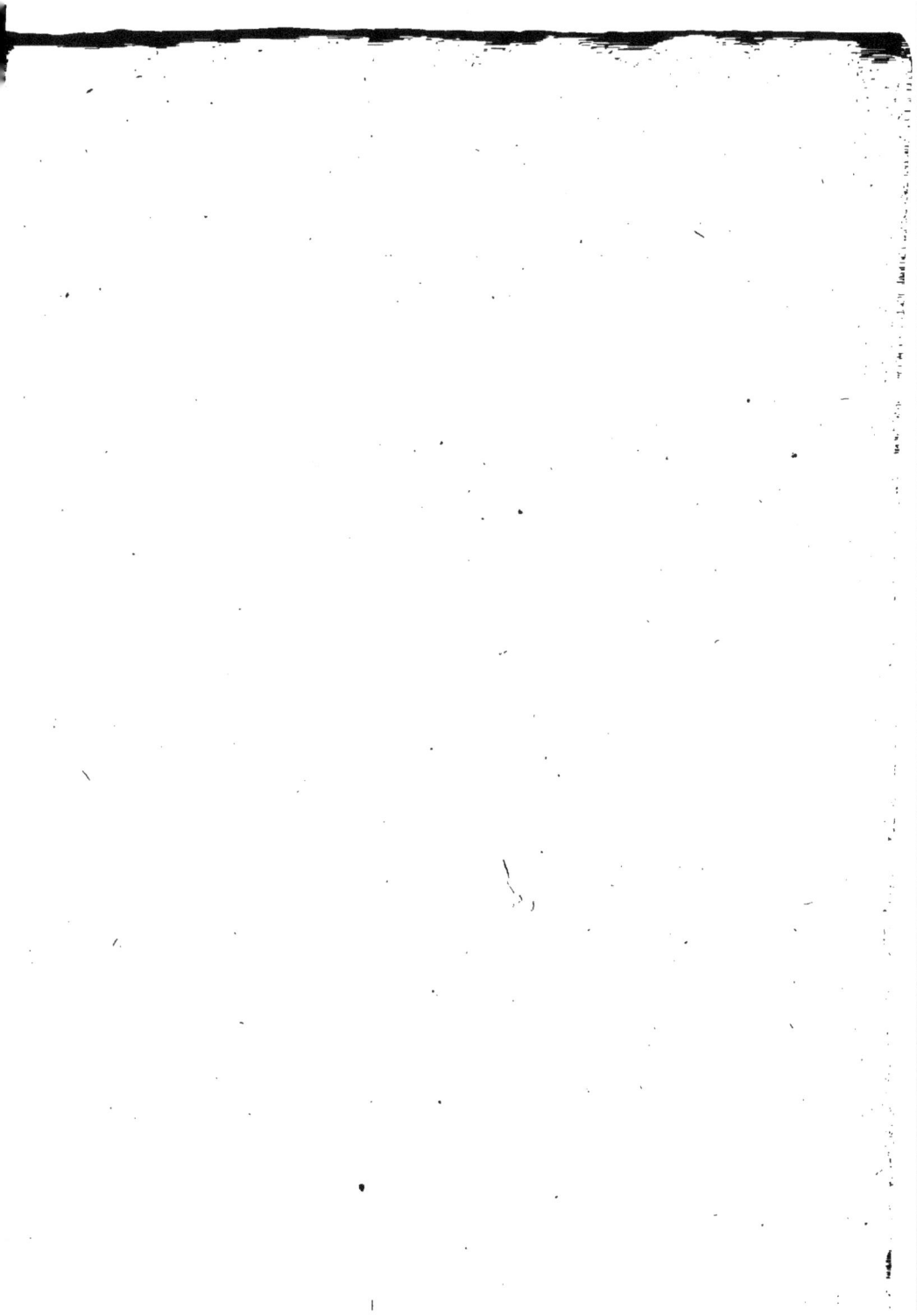

www.ingramcontent.com/pod-product-compliance
Lightning Source LLC
Chambersburg PA
CBHW071247200326
41521CB00009B/1668